五年制高职专用教材

建筑工程测量

主　编　冯社鸣
副主编　张　娇　秦　滔
参　编　袁继飞　孙　迅　周　凯　杨奇树
　　　　包媛媛　俞为荣　袁　超
主　审　袁建刚

北京理工大学出版社
BEIJING INSTITUTE OF TECHNOLOGY PRESS

内 容 提 要

本书按照建筑工程施工专业人才培养目标的要求，结合建筑工程技术专业“能力渐进培养”人才培养模式改革的需要，突出应用性和实践性，采用项目引领、任务驱动的教学方式，以实际施工的程序要求为主导，安排各项任务之间的连接，让学生既掌握测量的基本知识，又掌握基本操作技能，同时形成专业习惯与专业思想，从而实现与就业岗位的零距离。全书共分为七个项目，主要包括工程测量基础知识、水准测量、角度测量、距离测量、全站仪及应用、建筑施工测量、变形观测等内容。

本书可作为高职高专院校建筑工程技术等专业的教学用书，也可作为建筑企业专业管理人员岗位资格培训教材和建筑施工人员参考书。

图书在版编目（CIP）数据

建筑工程测量／冯社鸣主编.—北京：北京理工大学出版社，2023.1重印

ISBN 978-7-5682-5191-4

Ⅰ.①建… Ⅱ.①冯… Ⅲ.①建筑测量—高等学校—教材 Ⅳ.①TU198

中国版本图书馆CIP数据核字（2018）第007818号

出版发行／北京理工大学出版社有限责任公司

社 址／北京市海淀区中关村南大街5号

邮 编／100081

电 话／（010）68914775（总编室）

（010）82562903（教材售后服务热线）

（010）68944723（其他图书服务热线）

网 址／http://www.bitpress.com.cn

经 销／全国各地新华书店

印 刷／河北鑫彩博图印刷有限公司

开 本／787毫米×1092毫米 1/16

印 张／10

字 数／311千字

版 次／2023年1月第1版第8次印刷

定 价／35.00元

责任编辑／钟 博

文案编辑／钟 博

责任校对／周瑞红

责任印制／边心超

图书出现印装质量问题，请拨打售后服务热线，本社负责调换

PUBLISHER'S NOTE

出版说明

五年制高等职业教育（简称五年制高职）是指以初中毕业生为招生对象，融中高职于一体，实施五年贯通培养的专科层次职业教育，是现代职业教育体系的重要组成部分。

江苏是最早探索五年制高职教育的省份之一，江苏联合职业技术学院作为江苏五年制高职教育的办学主体，经过20年的探索与实践，在培养大批高素质技术技能人才的同时，在五年制高职教学标准体系建设及教材开发等方面积累了丰富的经验。“十三五”期间，江苏联合职业技术学院组织开发了600多种五年制高职专用教材，覆盖了16个专业大类，其中178种被认定为“十三五”国家规划教材，学院教材工作得到国家教材委员会办公室认可并以“江苏联合职业技术学院探索创新五年制高等职业教育教材建设”为题编发了《教材建设信息通报》（2021年第13期）。

“十四五”期间，江苏联合职业技术学院将依据“十四五”教材建设规划进一步提升教材建设与管理的专业化、规范化和科学化水平。一方面将与全国五年制高职发展联盟成员单位共建共享教学资源，另一方面将与高等教育出版社、凤凰职业教育图书有限公司等多家出版社联合共建五年制高职教育教材研发基地，共同开发五年制高职专用教材。

本套“五年制高职专用教材”以习近平新时代中国特色社会主义思想为指导，落实立德树人的根本任务，坚持正确的政治方向和价值导向，弘扬社会主义核心价值观。教材依据教育部《职业院校教材管理办法》和江苏省教育厅《江苏省职业院校教材管理实施细则》等要求，注重系统性、科学性和先进性，突出实践性和适用性，体现职业教育类型特色。教材遵循长学制贯通培养的教育教学规律，坚持一体化设计，契合学生知识获得、技能习得的累积效应，结构严谨，内容科学，适合五年制高职学生使用。教材遵循五年制高职学生生理成长、心理成长、思想成长跨度大的特征，体例编排得当，针对性强，是为五年制高职教育量身打造的“五年制高职专用教材”。

江苏联合职业技术学院

教材建设与管理工作领导小组

2022年9月

FOREWORD

前言

近年来，我国经济高速发展，各行各业都急需应用型技术人才。为了适应工程建设的日益发展，满足培养建筑工程类专业高级实用型人才对建筑工程施工测量知识的需要，本书结合职业院校人才培养方案、本课程的课程标准、工程测量岗位工作职责和职业能力的要求，紧密联系实际，突出应用性和实践性，采用项目任务式体例进行编写。

本书在编写过程中参考了工程测量的新标准和新规范，知识面广，具有较强的教学实用性和较宽的专业适应面。编者在编写过程中力求体系完整，内容简练，文字流畅，一方面注重建筑工程测量的系统性，另一方面又突出建筑工程测量的实践性。编者在编写过程中力求有所创新，删除了一些在建筑工程中较少使用的陈旧内容，吸纳了先进的测量技术和新工法。

本书在内容上注重测量基本计算和仪器的基本操作，做到计算步骤明确，内容简明，通俗易懂，实用性强，使学生在学习完本教材后能够做到理论联系实际，分析和解决工程测量中遇到的实际问题。

本书在编写过程中，大量参考了优秀教材和工程测量规范，并结合日常教学、测量放线工考证内容和相关技能竞赛的方案，对建筑工程类相关专业具有较强的针对性。

本书的教学时数建议为64学时，并安排2周的综合实训。各校可根据实际情况及不同专业特点灵活安排。

本书由江苏省淮阴商业学校冯社鸣担任主编，由江苏省武进中等专业学校张娇、江苏省南京高等职业技术学校秦滔担任副主编，江苏省淮阴商业学校袁继飞、孙迅、周凯、杨奇树，江苏省武进中等专业学校包媛媛，盐城幼儿师范高等专科学校俞为荣，江苏省宜兴中等专业学校袁超参与了本书部分章节的编写工作。具体编写工作分工为：项目一由俞为荣编写，项目二由周凯、包媛媛编写，项目三由张娇编写，项目四由孙迅编写，项目五由袁继飞、杨奇树编写，项目六由冯社鸣编写，项目七由秦滔、袁超编写，孙迅、周凯负责全书的统稿工作。全书由江苏城乡建设职业学院袁建刚主审。

由于编者水平有限，书中难免存在疏漏和不妥之处，恳请读者及同行批评指正，以便修改，使之趋于完善。

编　者

CONTENTS

目录

项目一 工程测量基础知识

学习重点

(1)建筑工程测量的任务。

(2)地面点位的确定。

(3)测量工作的基本原则。

技能目标

会分析点的位置关系。

应用能力

(1)会求算高程、高差。

(2)会进行测量计量单位的换算。

案例导入

请同学们说一说我们校园中有多少教学设施建筑，这些房屋建筑是如何分布的，相互之间位置关系是用什么手段确定的。

再请同学们思考：

(1)建筑工程测量的工作是什么？

(2)建设过程中遵循的测量原则是什么？

岗位角色目标

直接角色：测量员。

间接角色：质检员、施工员等。

任务一　建筑工程测量的任务和作用

■ 一、测量学的概念

测量学是研究地球的形状和大小以及确定地面点位的科学。它的内容包括测定和测设两部分。

(1)测定。测定是指使用测量仪器和工具，通过测量和计算，得到一系列测量数据或成果，将地球表面的地物和地貌缩绘成地形图，供经济建设、国防建设、规划设计及科学研究使用。测定也称为测绘。

(2)测设。测设是指用一定的测量方法，将设计图纸上规划设计好的建筑物位置，在实地标定出来，作为施工的依据。测设也称为放样。

测量学按照研究对象及采用的技术不同，又分为多个学科，如大地测量学、摄影测量学、工程测量学等。

大地测量学是研究整个地球的形状、大小和地球重力场，在考虑地球曲率的情况下，大范围建立测量控制网的学科。根据测量方式的不同，大地测量学又分为常规大地测量学和卫星大地测量学。

摄影测量学是通过摄影、扫描等图像记录方式，获取目标模拟的和数字的影像信息，并对这些影像信息进行处理、判断和研究，从而确定被摄目标的形状、大小、位置、性质等的学科。根据摄影的方式不同，摄影测量学又分为地面摄影测量学、航空摄影测量学和遥感学。

工程测量学是研究各种工程建设在勘测、设计、施工和运营管理阶段所进行的测量工作的学科。根据测量的工程对象不同，工程测量学又可分为建筑工程测量、公路工程测量、水利工程测量、矿山工程测量、线路工程测量等。

■ 二、建筑工程测量的任务

建筑工程测量学是研究利用测量仪器和工具，对建筑工程场地上地面点的位置进行测量和确定，即在勘测设计、施工建设和运营管理阶段所进行的各种测量工作的理论、技术和方法的学科。

要进行勘测设计，必须要有设计底图。而该阶段测量工作的任务就是为勘测设计提供地形图。例如建筑物在设计阶段要收集一切相关的地形、地质资料，由设计人员结合业主的要求进行相应设计。

在工程施工建设中，测量人员要根据设计和施工技术的要求把建筑物的空间位置关系在施工现场标定出来，作为施工建设的依据，即建筑物的定位与放样测量，也就是施工放样。施工放样是联系设计和施工的重要桥梁，一般来讲，其精度要求也相当高。

工程在运营管理阶段的测量工作主要指工程建筑物的变形观测。为了监测建筑物的安全和运营情况，验证设计理论的正确性，需要定期地对工程建筑物进行位移、沉陷、倾斜等方面的监测。反过来，变形监测的数据也可以指导进行下一个相似工程的设计。

三、建筑工程测量的作用

建筑工程测量贯穿于工程建设的整个过程。工程测量的质量和速度对按设计图纸施工、保证工程质量与进度、控制工程造价有着直接的影响，起着重要的作用。因此，从事工程建设的人员都必须掌握建筑工程测量的基本知识和基本技能，才能承担起工程勘察、设计、施工及管理等各项任务，以适应建筑业发展的需要，为我国现代化建设作出更大的贡献。

任务二　测量坐标系与地面点位的确定

测量工作的基本任务是确定地面的空间位置(平面坐标和高程)，为了确定该点的位置，就必须有一个与它相对应的参考面，这个参考面就是测量工作的基准面。

一、测量工作的基准面和基准线

地球自然表面是不平坦和不规则的，有高达 8 848.13 m 的珠穆朗玛峰，也有深至 11 022 m 的马里亚纳海沟，虽然它们高低起伏悬殊，但与半径为 6 371 km 的地球比较，还是可以忽略不计的。另外，地球表面海洋面积约占 71%，陆地面积仅占 29%。因此，人们设想以一个静止不动的海水面延伸穿越陆地，形成一个闭合的曲面包围了整个地球，这个闭合曲面称为水准面，由于海水有潮汐，水准面即有无数个。正是由于海水有潮汐，所以取其平均的海水面作为地球的形状和大小的标准。在测量上把这个自由静止的平均海水面称为大地水准面，即测量工作的基准面，它所包围的形体称为大地体，大地体就代表了地球的形状和大小，测量工作就是在这个面上进行的。

静止的水准面要受到重力的作用，所以，水准面的特性就是处处与铅垂线正交。由于地球内部不同密度物质的分布不均匀，铅垂线的方向是不规则的，因此，大地水准面也是不规则的曲面。在测量工作中，获得铅垂线方向通常使用悬挂垂球的方法，而这个垂线方向即测量工作的基准线。大地水准面是个不规则的曲面，在这个面上是方便建立坐标系和进行计算的，所以要寻求一个规则的曲面来代替大地水准面。经过长期的测量实践证明，大地体与一个以椭圆的短轴为旋转轴的旋转椭球的形状十分相似，而旋转椭球是可以用公式来表达的。这个旋转椭球可作为地球的参考形状和大小，故称为参考椭球体(图 1-1)。

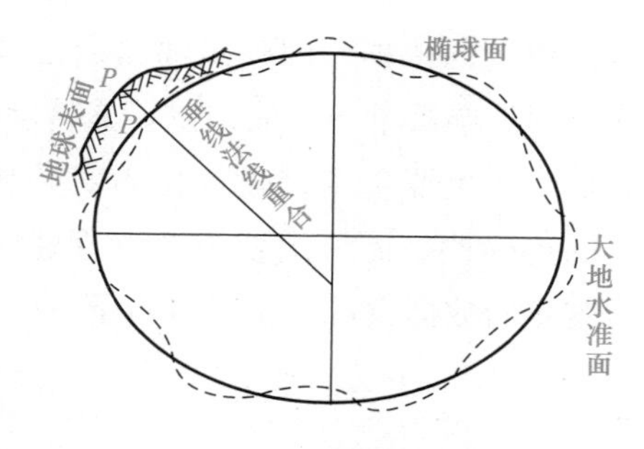

图 1-1　参考椭球体

二、确定地面点位的方法

测量工作的实质是确定地面点的位置，而地面点的位置需由三个量来确定，即该点的平面位置(坐标)和该点的高程。

1. 地面点的平面位置

地面点在大地水准面上的投影位置，称为地面点的平面位置。地面点的平面位置可以用地理坐标或直角坐标表示，可根据实际情况选用一种来确定地面点的平面位置。

(1)地理坐标。地理坐标有天文地理坐标和大地地理坐标。用天文经度 λ 和天文纬度 φ 表示地面点在大地水准面上投影位置的坐标，称为天文地理坐标。用大地经度 L 和大地纬度 B 表示地面点在旋转椭球面上投影位置的坐标，称为大地地理坐标。我国使用的大地坐标系有：1954 年北京坐标系、1980 年国家大地坐标系(西安坐标系)。

(2)高斯平面直角坐标。在广大区域进行测量工作时，需以旋转椭球面作为测量的基准面，并采用高斯正形投影的方法(将地球曲面上的点位换算到平面上的一种投影)，建立高斯平面直角坐标系，用平面直角坐标 x、y 表示地面点的平面位置。我国采用高斯平面直角坐标系统作为全国统一的坐标系统。

(3)独立(假定)平面直角坐标。当测区范围较小时，可不考虑地球曲率的影响，将这个小区域的大地水准面看作一个水平面，并在该平面上建立平面直角坐标系。地面点 A 在水平面上的投影位置，就可用该平面直角坐标系中的坐标值 x、y 来确定(图 1-2)。

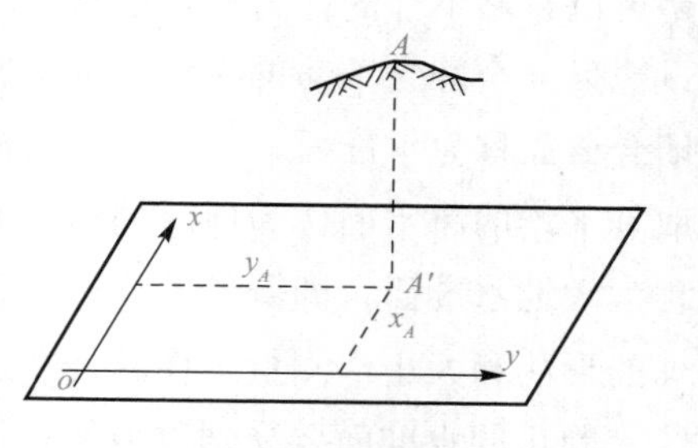

图 1-2　独立平面直角坐标

测量上选用的平面直角坐标系，规定南北方向为纵轴 x，东西方向为横轴 y；x 轴向北为正，向南为负，y 轴向东为正，向西为负。象限名称按顺时针方向排列，如图 1-3 所示。坐标原点可按实际情况选定。通常将原点选在测区的西南角之外，这可使整个测区各点的坐标不出现负值，如图 1-3 所示。也可以测区中心某点为原点，原点坐标取两个较大的正整数，如某城市测量平面直角坐标系原点为 x_0＝300 000 m，y_0＝500 000 m。该城市所辖的所有地面点虽分布在四个象限之内，坐标值仍全为正数，如图 1-4 所示。

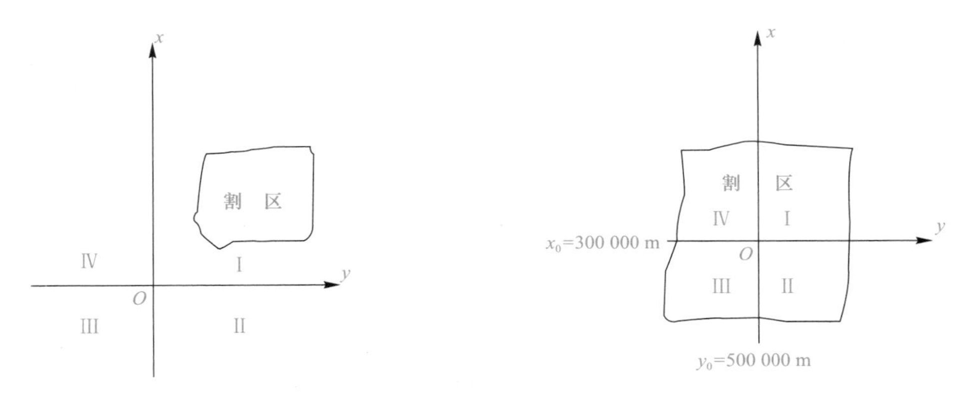

图 1-3 原点选在测区西南角之外 **图 1-4 原点选在测区中心**

应当指出，测量学中的平面直角坐标系与数学中的平面直角坐标系有两点不同，如图 1-5 所示。一个是坐标轴符号互换，测量学中的纵轴为 x，横轴为 y，而数学中的纵轴为 y，横轴为 x；另一个是象限编号的方向相反，在测量学中象限是顺时针方向编号的，而数学中象限是逆时针方向编号的。作这种变动是为了定向方便(测量上习惯以北方为起始方向)，且将数学上的全部三角函数公式和符号规则直接应用到测量计算中，不需作任何改变。

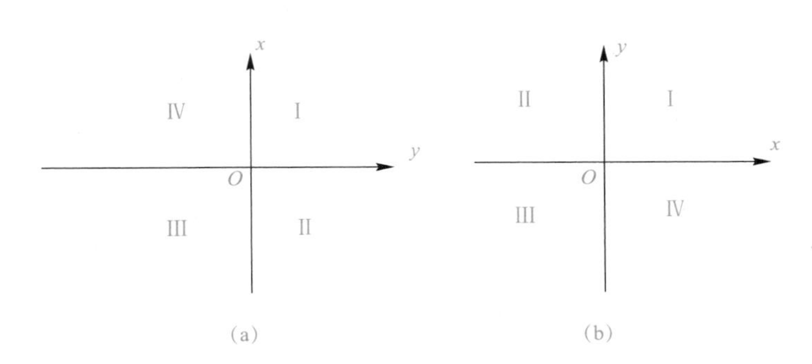

图 1-5 测量坐标系与数学坐标系

(a)测量坐标系；(b)数学坐标系

2. 地面点的高程

高程是地面点至高程基准面的垂直距离。高程基准面有大地水准面和水准面(假定水准面)，所以，高程有绝对高程和相对高程。

(1)绝对高程。地面点到大地水准面的铅垂距离，称为该点的绝对高程，也称为高程或海拔，用 H 表示。如图 1-6 所示，地面点 A、B 的高程分别为 H_A、H_B。

我国在青岛设立验潮站，长期观测和记录黄海海水面的高低变化，取其平均值作绝对高程的基础面。目前，我国采用的“**1985 年国家高程基准**”，是以 1953—1979 年青岛验潮站观测资料确定的黄海平均海水面，作为绝对高程基准面。我国还在青岛建立了国家水准原

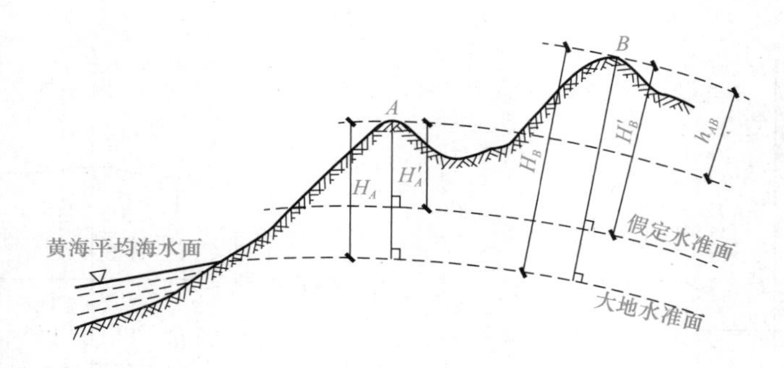

图 1-6　高程和高差

点，其高程为 72. 260 m。

(2)相对高程。有的地区采用绝对高程有困难时，也可以假定一个水准面作为高程起算基准面，这个水准面称为假定水准面。地面点到假定水准面的铅垂距离，称为该点的相对高程，也称为假定高程或标高。图 1-6 中，A、B 两点的相对高程为 H'_A、H'_B。

在建筑设计中，一般以建筑物首层的室内设计地坪为高程零点(±0. 000)，建筑物各部位的高程均从±0. 000 起算，称为建筑标高。标高也属于相对高程。

±0. 000 的绝对高程是施工放样时测设±0. 000 位置的依据。

(3)高差。在同一高程系统中，地面两点间的高程之差，称为高差，用 h 表示。高差有方向和正负。

A、B 两点的高差为

$$h_{AB}=H_B-H_A=H'_B-H'_A \tag{1-1}$$

当 h_{AB} 为正时，B 点高于 A 点；当 h_{AB} 为负时，B 点低于 A 点。高差的大小与高程起算面无关。

B、A 两点的高差为

$$h_{BA}=H_A-H_B=H'_A-H'_B \tag{1-2}$$

由此可见，A、B 两点的高差与 B、A 两点的高差，绝对值相等，符号相反，即

$$h_{AB}=-h_{BA} \tag{1-3}$$

综上所述，只要知道地面点的三个量，即 x、y、H，那么地面点的空间位置就可以确定了。

任务三　测量工作的基本原则和要求

一、测量的基本工作

地面点的位置可以用它的平面直角坐标和高程来确定，在实际测量工作中，地面点的

平面直角坐标和高程一般不是直接测定的，而是间接测定的。通常是测出待定点与已知点(已知平面直角坐标和高程的点)之间的几何关系，然后推算出待定点的平面直角坐标和高程。

1. 平面直角坐标的测定

如图 1-7 所示，设 A、B 为已知坐标点，P 为待定点。首先测出水平角 β 和水平距离 D_{AP}，再根据 A、B 的坐标，即可推算出 P 点的坐标。

所以，测定地面点平面直角坐标的主要测量工作是测量水平角和水平距离。

2. 高程的测定

如图 1-8 所示，设 A 为已知高程点，P 为待定点。根据式(1-1)得

$$H_P = H_A + h_{AP} \tag{1-4}$$

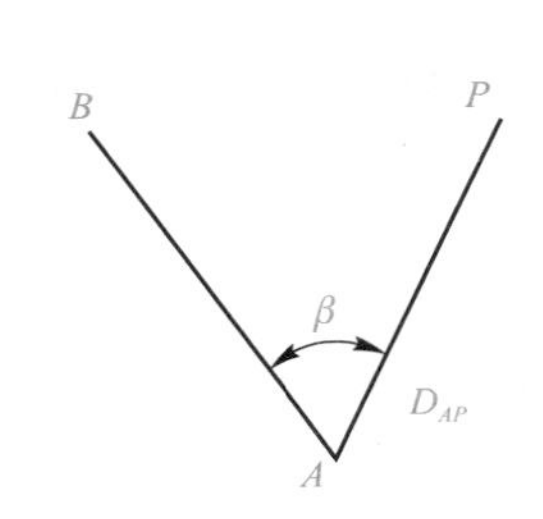

图 1-7　平面直角坐标的测定

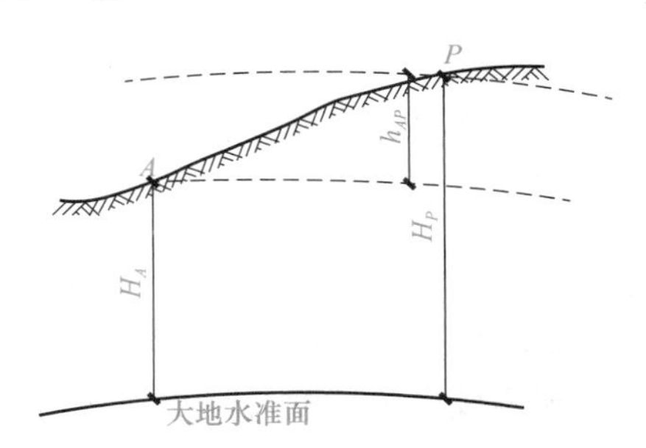

图 1-8　高程的测定

只要测出 A、P 之间的高差 h_{AP}，利用式(1-4)，即可算出 P 点的高程。

所以，测定地面点高程的主要测量工作是测量高差。

综上所述，**测量的基本工作是：水平角测量、水平距离测量、高差测量。**

二、测量工作的基本原则

1."从整体到局部，从高级到低级，先控制后碎部"的原则

无论是测绘地形图还是建筑物的施工放样，其最基本的问题均是测定或测设地面点的位置。在测量过程中，为了减少误差的积累，保证测量区域内所测点位具有必要的精度，首先在测区内，选择若干对整体具有控制作用的点作为控制点，用较精密的仪器和精确的测量方法，测定这些控制点的平面位置和高程，然后根据控制点进行碎部测量和测设工作。这种"从整体到局部，从高级到低级，先控制后碎部"的方法是测量工作的一个原则，它可以减少误差的积累，保证测量工作的精度，并且可同时在几个控制点上进行测量，加快测量工作进度。

2."边工作边检核"的原则

当测定控制点的相对位置有错误时，以其为基础所测定的碎部点或测设的放样点，也必然有错。为避免错误的结果对后续测量工作的影响，测量工作必须重视检核，因此，"边

工作边检核”是测量工作的又一个原则。

三、测量工作的基本要求

1.“质量第一”的观点

为了确保施工质量符合设计要求，需要进行相应的测量工作，测量工作的精度会影响施工质量。因此，施工测量人员应有“质量第一”的观点。

2. 严肃认真的工作态度

测量工作是一项科学工作，它具有客观性。在测量工作中，为避免产生差错，应进行相应的检查和检核，杜绝弄虚作假、伪造成果、违反测量规则的错误行为。因此，施工测量人员应有严肃认真的工作态度。

3. 保持测量成果的真实、客观和原始性

测量的观测成果是施工的依据，需长期保存。因此，应保持测量成果的真实、客观和原始性。

4. 爱护测量仪器与工具

每一项测量工作，都要使用相应的测量仪器与工具，测量仪器与工具的状态完好与否，直接影响测量观测成果的精度。因此，施工测量人员应爱护测量仪器与工具。

任务四　测量常用计量单位及换算

一、长度单位

1 km＝1 000 m

1 m＝10 dm＝100 cm ＝1 000 mm

二、面积单位

面积单位是 m^2，大面积则用公顷或 km^2 表示，在农业上常用市亩作为面积单位。

1 公顷＝10 000 m^2＝15 市亩

1 km^2＝100 公顷＝1 500 市亩

1 市亩＝666.67 m^2

三、体积单位

体积单位为 m^3，在工程上简称为“立方”或“方”。

四、角度单位

测量常用的角度单位有度分秒制和弧度制两种。

(1)度分秒制：

1 圆周角＝360°，1°＝60′，1′＝60″

(2)弧度制：弧长等于圆半径的圆弧所对的圆心角，称为一个弧度，用 ρ 表示。

1 圆周角＝2π

1 弧度＝180°/π＝57.296°＝3 438′＝206 265″

思考题与练习

参考答案

1. 测量学研究的对象是什么？测量学包含哪些内容？

2. 建筑工程测量的任务是什么？

3. 何谓水准面？何谓大地水准面？它们在测量中的作用是什么？

4. 测量学中的平面直角坐标系与数学中的平面直角坐标系有何不同？

5. 何谓绝对高程？何谓相对高程？何谓高差？

6. 已知地面点 M 的相对高程为－15.323 m，其对应的假定水准面的绝对高程为 72.653 m，则 M 点的绝对高程是多少？

7. 已知 A 点的高差为 73.364 m，B 点的高程为 98.401 m，那么 A、B 两点的高差是多少？B、A 两点的高差又是多少？

8. 已知 C 点的高程为 72.332 m，D 点到 C 点的高差为－23.116 m，那么 D 点的高程是多少？

9. 确定地面点的位置必须进行的三项基本工作是什么？

10. 测量工作的基本原则是什么？

项目二　水准测量

学习重点

(1)水准测量的原理。

(2)水准仪的技术操作。

(3)水准仪的检验与校正。

(4)水准测量的方法与成果处理。

技能目标

(1)学会水准仪的使用方法。

(2)熟练运用水准仪进行待定点高程的测定。

应用能力

能运用水准测量的方法确定施工位置的标高和高程引测。

案例导入

现在施工场区内有一已知水准点A(H_A=45.324 m)，现要求在已打设好的控制桩上测设出B点高程46.526 m的±0.000 m的统一标高线。请同学们思考如何完成该项任务。

岗位角色目标

测量员、施工员。

测量地面上各点高程的工作称为高程测量。根据人们所使用仪器和施测方法的不同，高程测量又可分为水准测量、三角高程测量、GPS高程测量等。其中，水准测量是精确测定地面点高程的主要方法之一。水准测量使用水准仪和水准尺，利用水平视线测量两点之间的高差，由已知点高程推求出未知点高程。

任务一　水准测量原理

水准测量原理是利用水准仪提供的一条水平视线，测出两地面点之间的高差，然后根据已知点的高程和高差，推算出另一个点的高程。

如图 2-1 所示，已知地面上 A 点的高程为 H_A，欲测定 B 点的高程 H_B，需要先测出 A、B 两点间的高差 h_{AB}，为此在 A、B 之间安置一台水准仪，再在 A、B 两点上各竖立一根水准尺。根据仪器的水平视线，分别读取 A、B 尺上的读数 a 和 b，则 B 点对于 A 点的高差为

$$h_{AB}=a-b \tag{2-1}$$

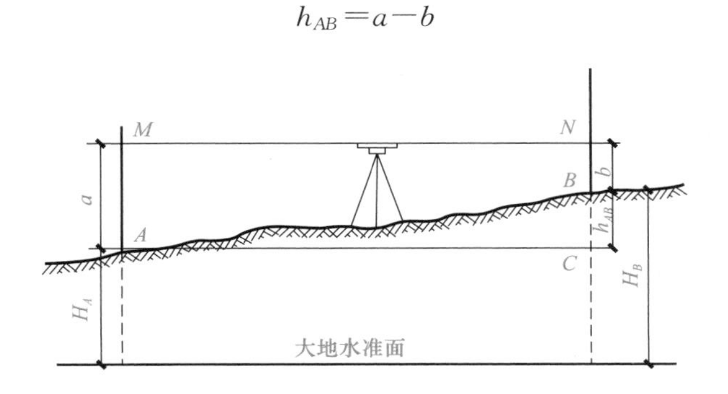

图 2-1　水准测量原理

如果水准测量是由 A 到 B 进行的，则 A 点尺上的读数称为后视读数，记为 a；B 点为待定高程点，B 点尺上的读数称为前视读数，记为 b；两点间的高差等于后视读数减去前视读数，即 $h_{AB}=a-b$。若 a 大于 b，则高差为正，B 点高于 A 点；反之高差为负，则 B 点低于 A 点。因为水准仪提供的水平视线可认为与大地水准面平行，由图可知：

$$H_B=H_A+h_{AB}=H_A+(a-b) \tag{2-2}$$

由式(2-2)根据高差推算待定点高程的方法即高差法。

利用实测高差 h_{AB} 计算 B 点高程的方法称为高差法，但为了避免计算高差时发生正、负号错误，在书写高差 h_{AB} 时必须注意下标的写法。这里 h_{AB} 是表示由 A 点至 B 点的高差，h_{BA} 则表示由 B 点至 A 点的高差，即 $h_{AB}=-h_{BA}$。

在实际工作中，也可利用水准仪的视线高 H_i 来计算前视点 B 的高程，称为视线高法或仪高法。这一做法对安置一次仪器，并根据一个已知高程点的后视来求取若干个前视点高程的计算较为方便。

$$H_i=H_A+a$$

$$H_B=H_A+(a-b)=H_i-b \tag{2-3}$$

如图 2-2 所示，当 A、B 两点相距较远或其高差较大，往往安置一次仪器不可能测定其

间的高差值时，必须在两点之间加设若干个临时的立尺点，作为高程传递的过渡点，并分段连续安置仪器，竖立水准尺，依次测定转点之间的高差，最后取其代数和，从而求得 A、B 两点之间的高差 h_{AB} 为

$$h_{AB}=h_1+h_2+h_3+\cdots+h_n \tag{2-4}$$

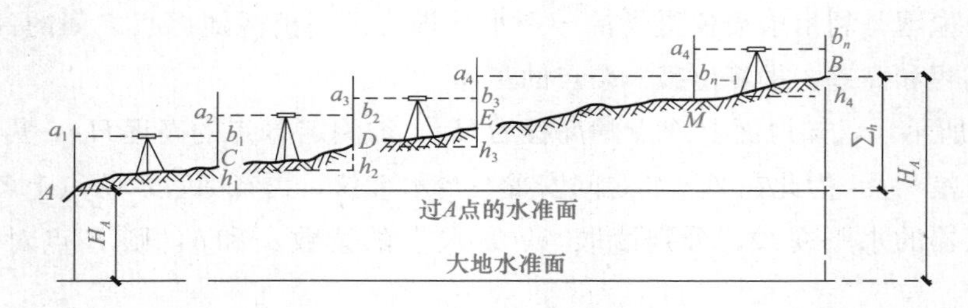

图 2-2 高差计算示意

由此可见，在实际测量工作中，起点至终点的高差可由各段高差求和而得，也可利用所有后视读数之和减去前视读数之和求得。

$$H_B = H_A + h_{AB} = H_A + \sum h \tag{2-5}$$

在实际工作中，可逐段计算出各测站的高差，然后取其总和而求得 h_{AB}。

任务二 水准测量的仪器和工具

水准测量所使用的仪器为水准仪，工具为水准尺和尺垫。

一、水准尺和尺垫

1. 水准尺

水准尺是用干燥优质木材、铝材或玻璃钢制成的，其根据构造可分为整尺、折尺和塔尺。尺面每格印刷有黑白或红白相间的分划，每分米处注有数字，数字有正写和倒写两种，分别与水准仪的正像望远镜或倒像望远镜配合。

整尺中常用的为双面尺，如图 2-3 所示。双面尺用于三、四等水准测量，两根尺为一对。其中黑白分划的一面，称为黑面尺，尺底从零开始；红白分划的一面称为红面尺，尺底从某一数值开始(**4.687 m 或 4.787 m**)，称为零点差。水准仪的水平视线在同一根水准尺上的红黑面读数差应为零点差，以此作为读数的检查。

塔尺一般由三节尺身套接而成，不用时，缩在最下一节之内，其总长度分 3 m 和 5 m 两种，但连接处常会产生误差，一般用于精度较低的水准测量，如图 2-4 所示。

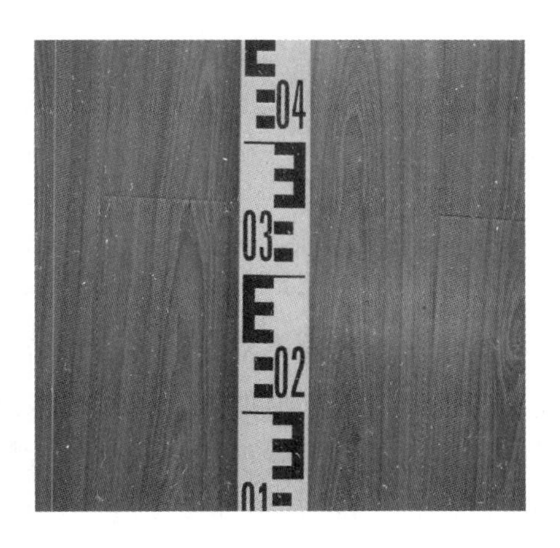

图 2-3　双面尺

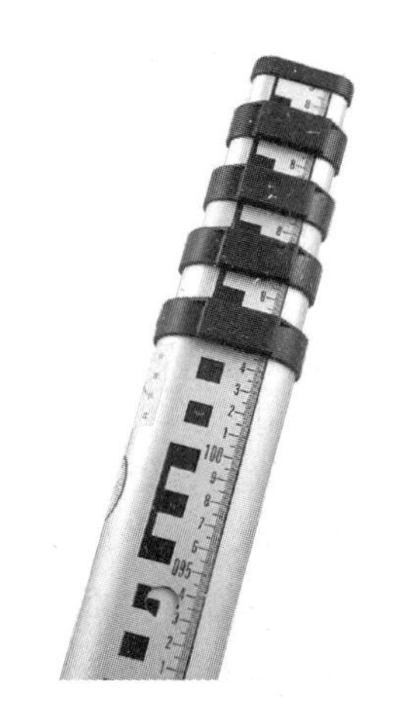

图 2-4　塔尺

2. 尺垫

如图 2-5 所示，尺垫为一三角铸铁，下有三尖脚，以便踩入土中，使之稳定；上有突起半球形，水准尺立于球顶，当转动方向时，尺底高程不变。

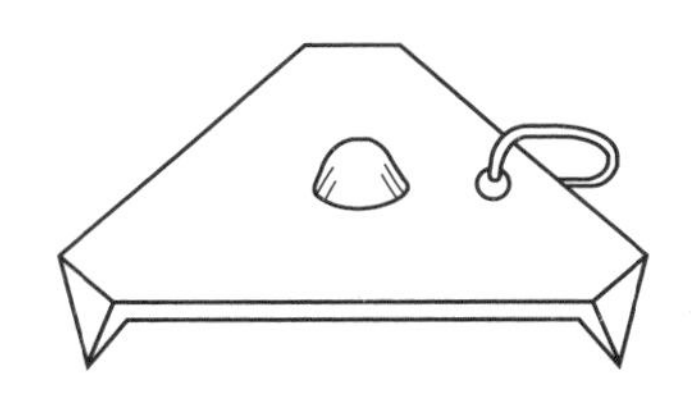

图 2-5　尺垫

二、水准仪及其构造

水准仪有微倾式水准仪、自动安平水准仪和电子水准仪等，如图 2-6 所示。

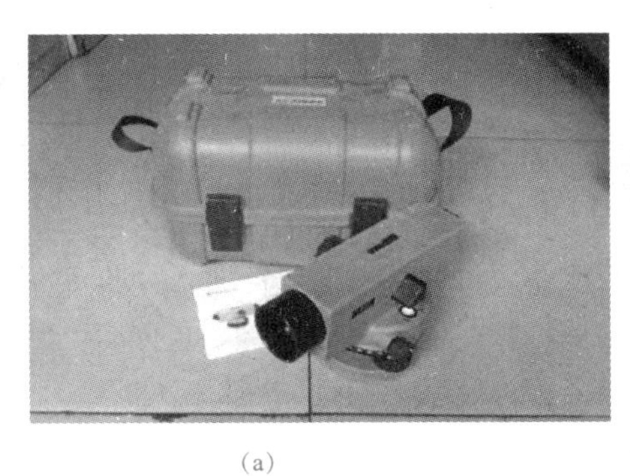

(a)

(b)

图 2-6　水准仪

(a)DS3 水准仪；(b)电子水准仪

任务三　DS3 微倾式水准仪的认识与使用

■ 一、水准仪的等级及用途

水准仪分为微倾式和自动安平式。前者完全根据水准管气泡安平仪器视线；后者先用水准气泡粗平，然后用水平补偿器自动安平视线。现代的电子水准仪是用条纹码水准尺和仪器的光电扫描进行自动读数的水准仪，其安平方式也属于自动安平式。水准仪按其高程测量精度分为 DS0.5、DS1、DS2、DS3、DS10 几种等级。“D”和“S”是“大地”和“水准仪”的汉语拼音的第一个字母，下标为每千米水准测量的高差中误差(毫米计)。DS0.5、DS1 等级的水准仪称为精密水准仪。DS2、DS3、DS10 等级的水准仪属于普通水准仪。如果将“DS”改为“DSZ”，则表示该仪器为自动安平水准仪。

■ 二、水准仪的构造

水准仪主要由望远镜、水准管(或补偿器)、支架和基座四部分组成。图 2-7 所示为 DS3 微倾式水准仪的外形和外部构件。

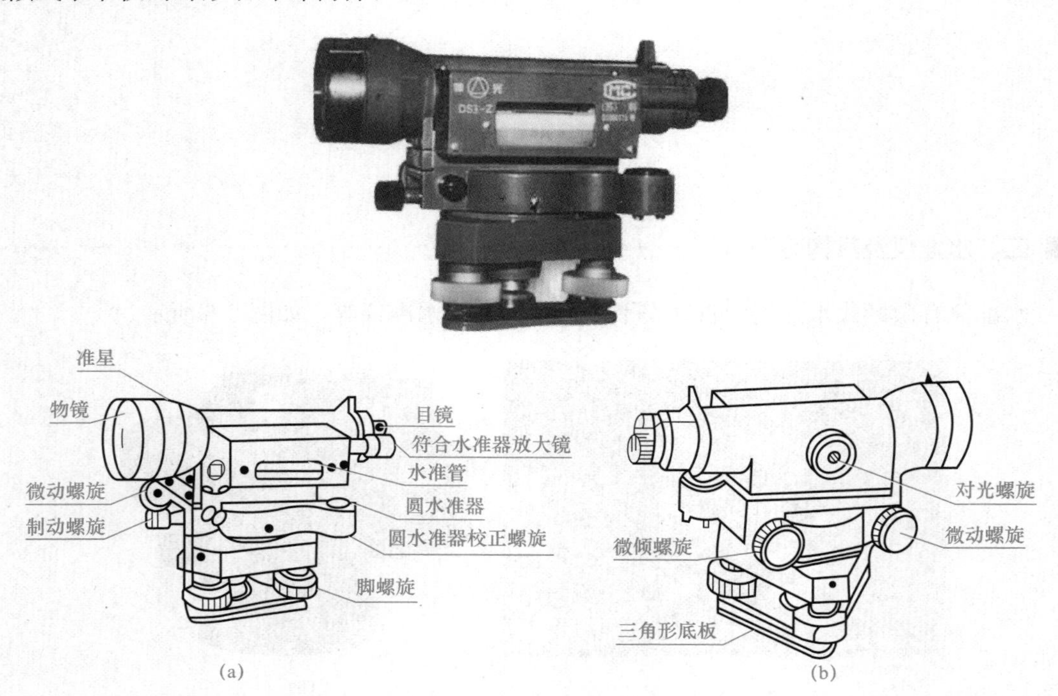

图 2-7　DS3 微倾式水准仪

三、望远镜的构造及其成像和瞄准原理

望远镜用于瞄准远处目标并读数，其构造如图 2-8 所示。其主要由物镜、物镜调焦螺旋、物镜调焦透镜、十字丝分划板、目镜和目镜调焦螺旋组成。

物镜使目标形成一个倒立缩小的实像，调焦透镜使目标在不同位置上成像。十字丝分划板如图 2-8 所示，其中，中丝用于截取水准尺上读数，上、下丝又叫视距丝，用于测定水准仪至水准尺的距离(视距)(详见以后章节)，目镜将十字丝和物镜中成像同时放大。物镜调焦螺旋可使目标准确成像在十字丝平面上，目镜调焦螺旋用于调节十字丝像以使之清晰。视准轴即物镜光心与十字丝交点的连线。

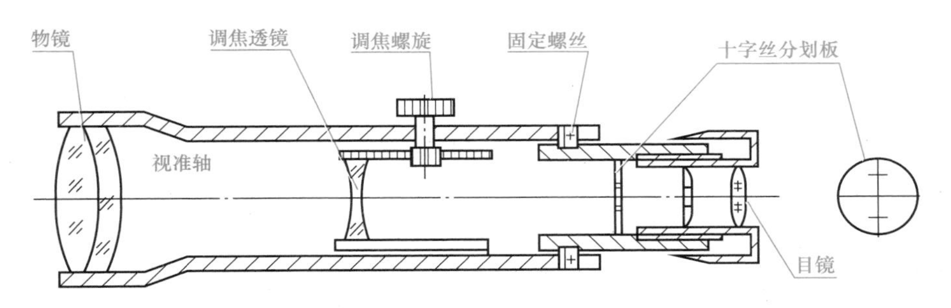

图 2-8　望远镜的构造

望远镜的成像原理如图 2-9 所示，即远处目标 AB 发出的光线经过物镜 1 及调焦透镜 3 的折射后，在十字丝平面上成一倒立的实像 ab；经过目镜 2 的放大，成一虚像 $a'b'$，十字丝也同时放大。虚像 $a'b'$ 对观测者眼睛的视角 β 比原目标 AB 的视角 α 扩大了若干倍，使观测者感到远处的目标移近了，这样，就可以提高瞄准和读数精度。测量望远镜的放大倍率一般在 20 倍以上。

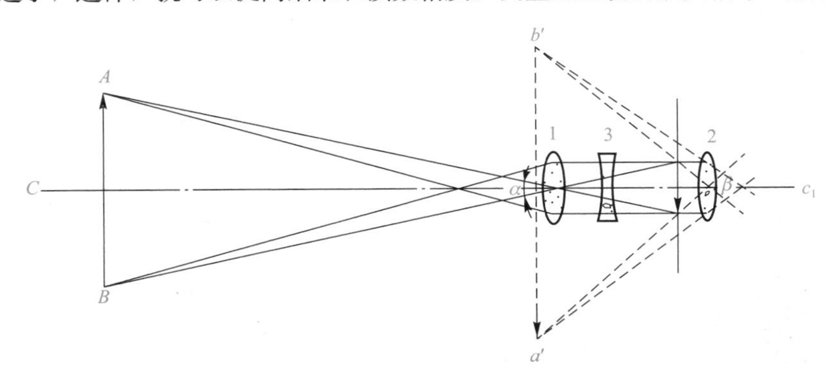

图 2-9　望远镜的成像原理

当目标成像与十字丝平面不重合时，会产生视差现象，如图 2-10 所示，即当观测者眼睛上下移动(如图中 1、2、3 位置)时，目标影像与十字丝有相对移动(如图中 1′、2′、3′位置)，影响精确瞄准和读数，因此，必须消除视差。消除的方法是反复调目镜、物镜调焦螺旋，使十字丝与目标均十分清晰。

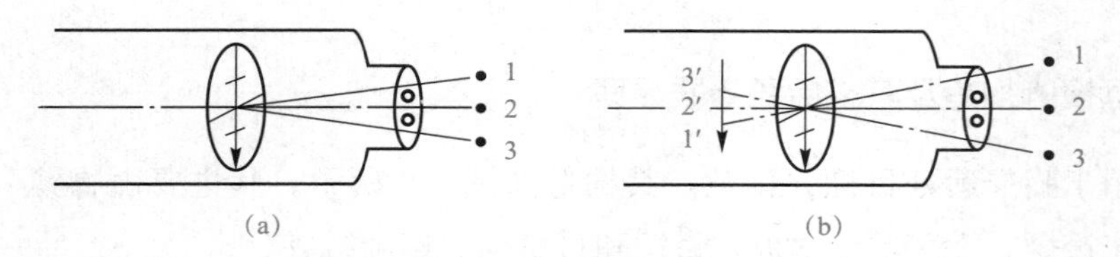

图 2-10　测量望远镜的瞄准与视差

四、水准器及其分划值

为了置平仪器，需用水准器。水准器分为**水准管和圆水准器**两种。前者精度较高，用于精确置平仪器，称为“**精平**”；后者精度较低，用于粗略置平仪器，称为“**粗平**”。

1. 水准管

水准管是一纵向内壁磨成圆弧的玻璃管，管内注满酒精或乙醚，加热融封冷却后留有一个气泡，如图 2-11 所示，因气泡较轻，故其恒处于管内最高位置。其用于仪器的精确整平。水准管圆弧中点为水准管零点(O')，过零点所作圆弧的切线称为水准管轴(LL)，气泡中点与水准管零点重合称为气泡居中。

水准管圆弧 2 mm 所对的圆心角称为“水准管分划值”，又称为“灵敏度”。水准管分划值的实际意义可以理解为：当气泡移动 2 mm 时水准管轴所倾斜的角度。如图 2-12 所示，设水准管内壁圆弧的曲率半径为 R(单位：mm)，则水准管分划值为

$$\tau=\frac{2}{R}\rho''=206\ 265''$$

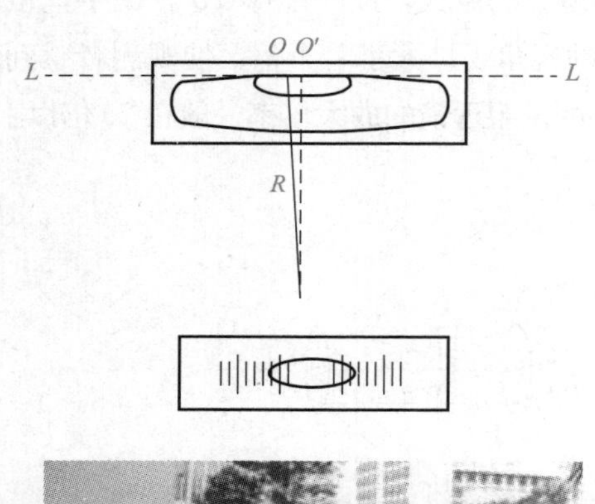

图 2-11　水准管

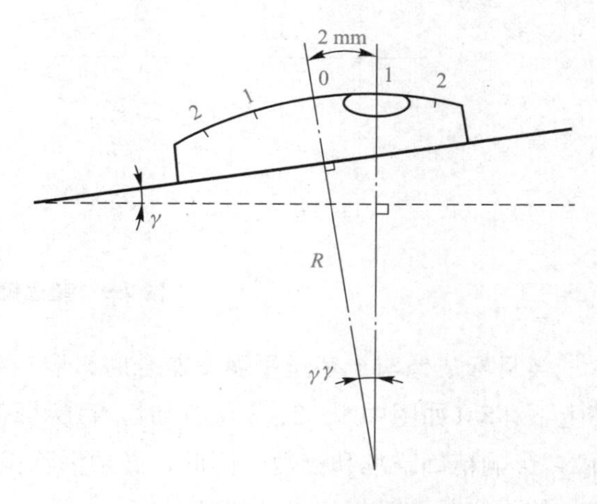

图 2-12　水准管分划值

水准管的分划值越小，则灵敏度越高，置平仪器的精度也越高，因此，它是水准仪等级的一个重要指标。DS3 水准仪水准管分划值一般≤20″/2 mm。

为了提高判断水准管气泡居中的精度，微倾式水准仪一般在水准管的上方安装一组符合棱镜，如图 2-13 所示，通过棱镜的反射作用，水准管气泡两端的像反映在望远镜旁的符合气泡观察窗中。当气泡两端的像重合时，则表示气泡居中。

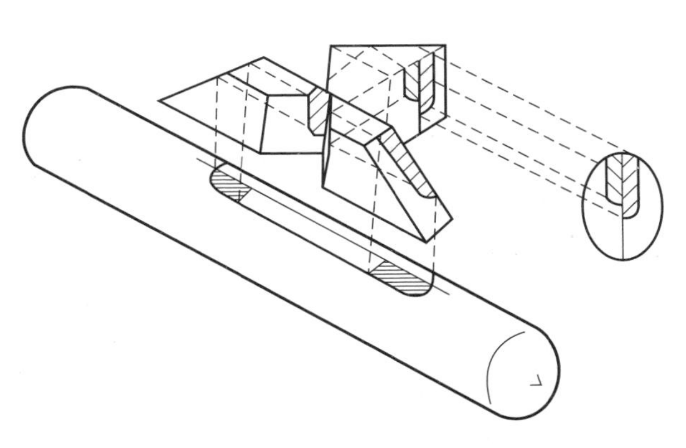

图 2-13　水准管与符合棱镜

2. 圆水准器

圆水准器是将一圆柱形的玻璃盒装嵌在金属框内，盒顶内壁是球面，盒内装有酒精或乙醚，并形成气泡，如图 2-14 所示。其用于水准仪的粗略整平。圆水准器顶面外部中央刻有一个小圆圈，球面中圆圈的中心称为“圆水准器零点”，过零点所作球面的法线称为“圆水准器轴”(LL')。由于重力作用，当气泡居中时，圆水准器轴处于铅垂位置。圆水准器分划值一般为 5′/2～10′/2 mm。

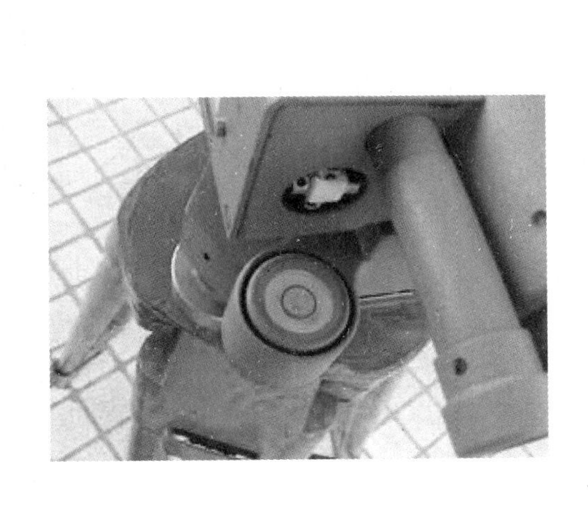

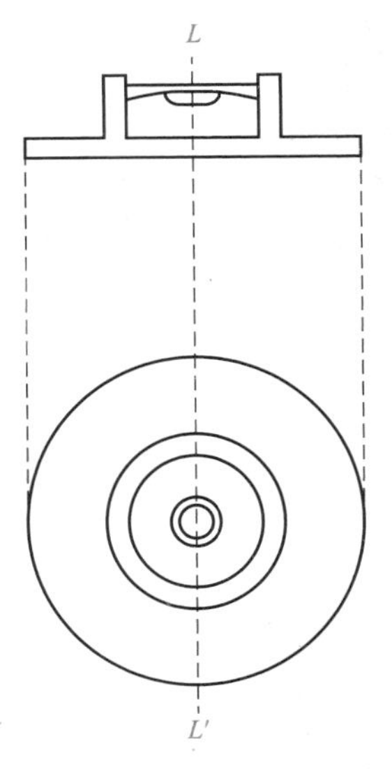

图 2-14　圆水准器

3. 基座

基座主要由轴座、脚螺旋、底板和三角压板构成。其作用是支撑仪器的上部结构并与三脚架相连。

五、水准仪的使用

水准仪的使用包括安置、粗略整平、瞄准水准尺、精平和读数等操作步骤。

(1)安置水准仪。打开三脚架并使其高度适中，目估架头大致水平，拧紧脚架。取出水准仪，用连接螺旋将仪器固连在三脚架头上。

(2)粗平。粗平即粗略整平仪器。转动脚螺旋使圆水准器气泡居中。气泡移动方向与左手大拇指方向一致。

(3)瞄准。瞄准是将望远镜对准水准尺，进行目镜和物镜调焦，使十字丝和水准尺十分清晰，消除视差，这样才能精确地在水准尺上读数。具体操作方法如下：转动望远镜目镜，使十字丝清晰；用望远镜上部的缺口和准星瞄准水准尺；转物镜对光螺旋使目标清晰；调微动螺旋使目标居中；消除视差。

(4)精平。精平即精确整平水准仪。转微倾螺旋使符合气泡影像重合，即使水准管气泡严格居中，从而使望远镜的视准轴处于精确的水平位置。有水平补偿器的自动安平水准仪不需这项操作。

(5)读数。当水准仪精平后，立即用十字丝的中丝在水准尺上读数。当望远镜为正像时，从下往上读；当望远镜为倒像时，从上往下读。图 2-15 所示为望远镜所看到的水准尺的像，图中水准尺的最小刻划为 1 cm 或 5 mm ，毫米需估读。

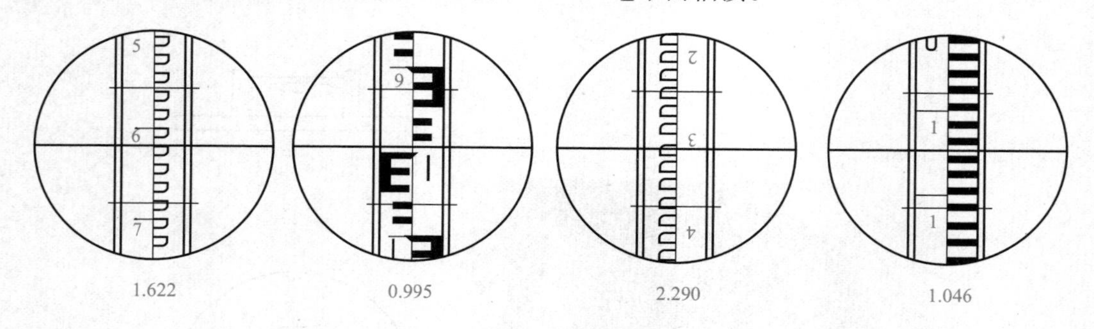

图 2-15　水准尺读数

六、自动安平水准仪

1. 自动安平水准仪的特点

自动安平水准仪与普通水准仪相比，其特点是：没有水准管和微倾螺旋，望远镜和支架连成一体；观测时，只需根据圆水准器将仪器粗平，尽管望远镜的视准轴还有微小的倾斜，但可借助一种补偿装置使十字丝读出相当于视准轴水平时的水准尺读数。因此，自动安平水准仪的操作比较方便，有利于提高观测的速度和精度。

2. 自动安平水准仪的基本原理

自动安平水准仪的望远镜光路系统中，设置利用地球重力作用的补偿器，以改变光路，使视准轴有倾斜时在十字丝中心仍能接受到水平光线，如图 2-16 所示。

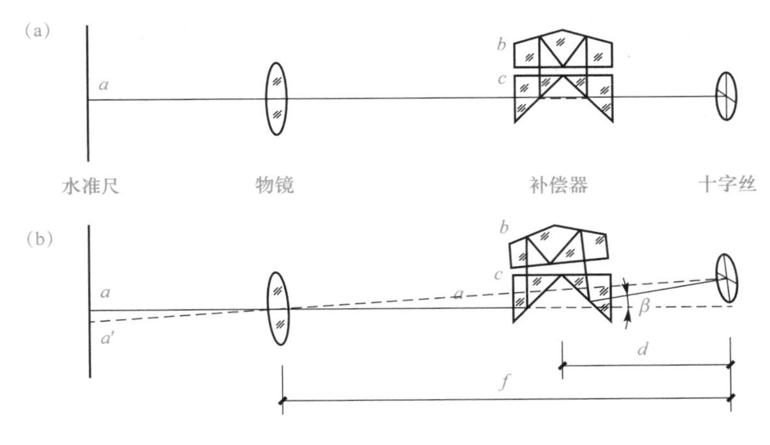

图 2-16　自动安平水准仪的基本原理

自动安平水准仪的基本原理是设计补偿器，应使其满足下列条件：

$$f\alpha=d\beta$$

式中　f——物镜焦距；

d——补偿器中心至十字丝的距离。

因此，自动安平水准仪的工作原理是通过圆水准气泡居中，使视准轴大致水平。通过补偿器，使瞄准水准尺的视线严格水平。

3. 自动安平水准仪的使用

自动安平水准仪的使用与一般水准仪的不同之处为不需要“精平”这项操作。这种水准仪的圆水准器的灵敏度为 $8'\sim10'/2$ mm，其补偿器的作用范围约为±15′，因此，整平圆水准器气泡后，补偿器能自动将视线导致水平，即可对水准尺进行读数。

图 2-17 所示为 DSZ 型自动安平水准仪。使用时，转动脚螺旋，使圆水准的气泡居中；用瞄准器将仪器对准水准尺；转动目镜调焦螺旋，使十字丝最清晰；转动物镜调焦螺旋，使水准尺分划像最清晰，检查视差；用水平微动螺旋使十字丝纵丝靠近尺上读数分划；轻按补偿器检查按钮，验证其功能正常，然后根据横丝在水准尺上读数。

图 2-17　DSZ 型自动安平水准仪

任务四　普通水准测量的方法与成果处理

一、水准点

用水准测量的方法测定的高程控制点，称为水准点，记为 BM(Bench Mark)。水准点有永久性水准点和临时性水准点两种。

(1)永久性水准点。国家等级永久性水准点，如图 2-18 所示。有些永久性水准点的金属标志也可镶嵌在稳定的墙角上，称为墙上水准点，如图 2-19 所示。建筑工地上的永久性水准点，其形式如图 2-20(a)所示。

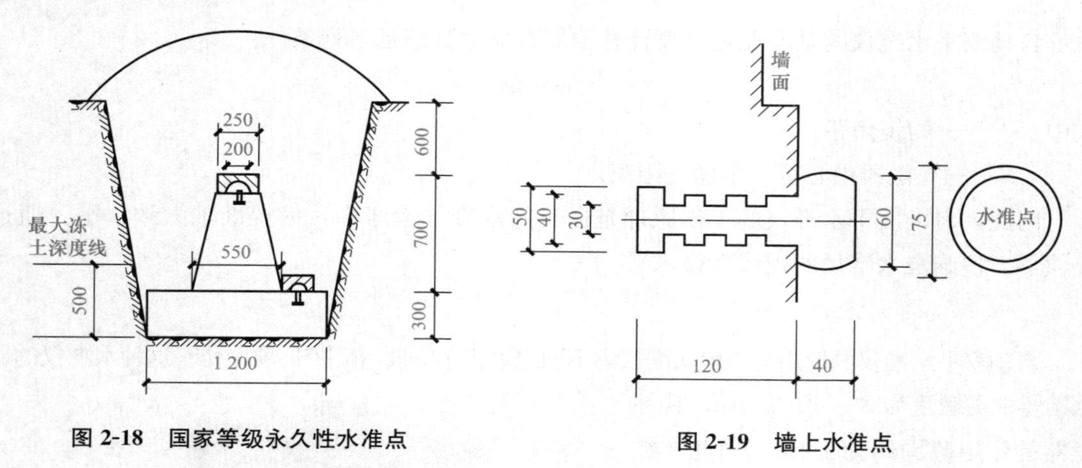

图 2-18　国家等级永久性水准点

图 2-19　墙上水准点

(2)临时性水准点。临时性水准点可用地面上突出的坚硬岩石或用大木桩打入地下，桩顶钉以半球状铁钉，作为标志，如图 2-20(b)所示。

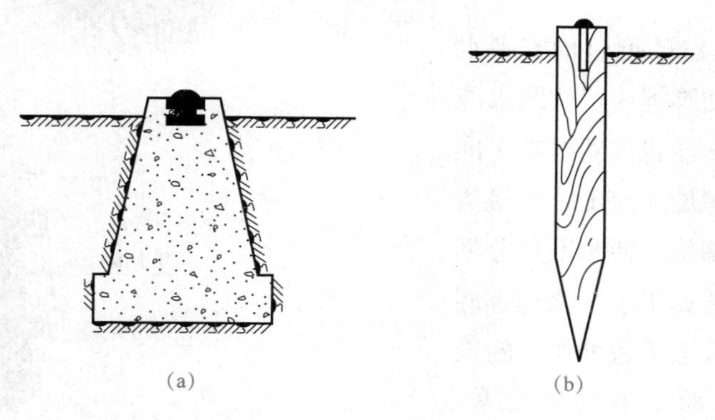

图 2-20　建筑工程水准点

(a)永久性水准点；(b)临时性水准点

二、水准路线及成果检核

在水准点间进行水准测量所经过的路线，称为水准路线。相邻两水准点间的路线称为测段。

在一般的工程测量中，水准路线布设形式主要有以下三种。

1. 附合水准路线

(1)附合水准路线的布设方法。如图 2-21 所示，从已知高程的水准点 BM_A 出发，沿待定高程的水准点 1、2、3 进行水准测量，最后附合到另一已知高程的水准点 BM_B 所构成的水准路线，称为附合水准路线。

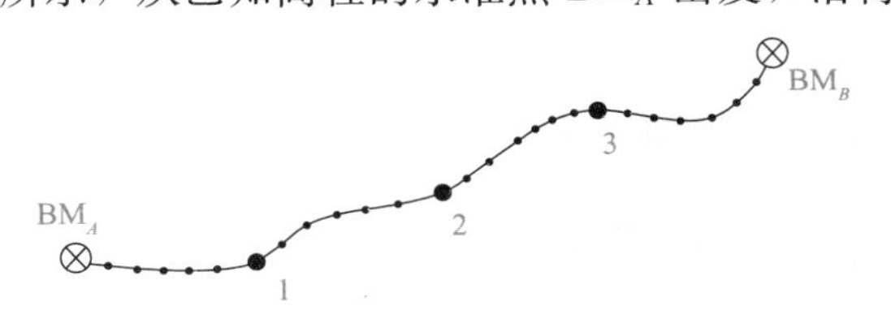

图 2-21　附合水准路线

(2)成果检核。从理论上讲，附合水准路线各测段高差的代数和应等于两个已知高程的水准点之间的高差，即

$$\sum h_{理} = H_B - H_A$$

各测段高差的代数和 $\sum h_m$ 与其理论值 $\sum h_{理}$ 的差值，称为高差闭合差 W_h，即

$$W_h = \sum h_m - \sum h_{理} = \sum h_m - (H_B - H_A)$$

2. 闭合水准路线

(1)闭合水准路线的布设方法。如图 2-22 所示，从已知高程的水准点 BM_A 出发，沿各待定高程的水准点 1、2、3 进行水准测量，最后又回到原出发点 BM_A 的环形路线，称为闭合水准路线。

(2)成果检核。从理论上讲，闭合水准路线各测段高差的代数和应等于零，即：$\sum h_{理} = 0$。如果不等于零，则高差闭合差为：$W_h = \sum h_m$ 。

3. 支水准路线

(1)支水准路线的布设方法。如图 2-23 所示，从已知高程的水准点 BM_A 出发，沿待定高程的水准点 1 进行水准测量，这种既不闭合又不附合的水准路线，称为支水准路线。对支水准路线要进行往返测量，以资检核。

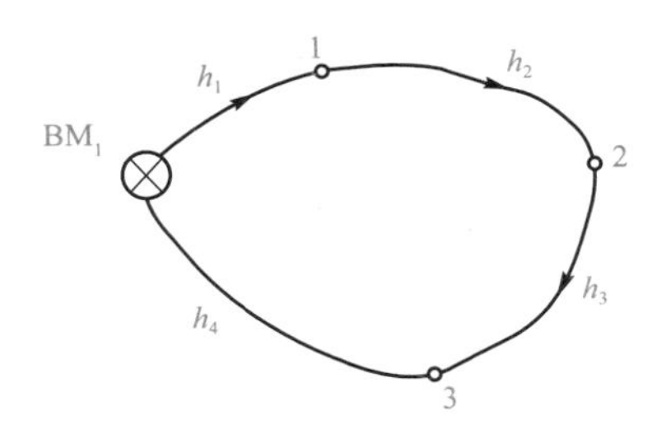

图 2-22　闭合水准路线

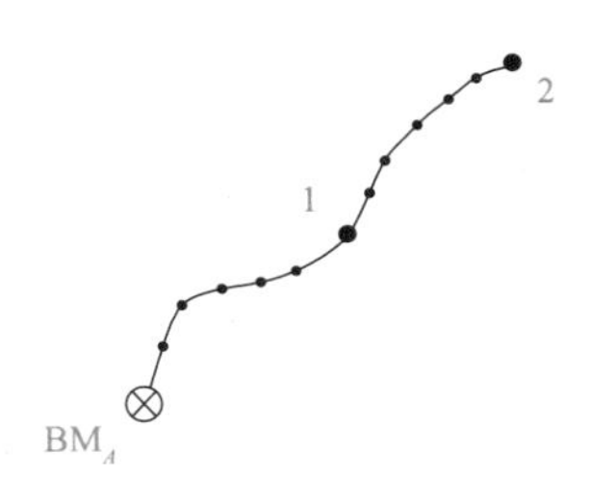

图 2-23　支水准路线

(2)成果检核。从理论上讲，支水准路线往测高差与返测高差的代数和应等于零。

$$\sum h_f + \sum h_b = 0$$

如果不等于零，则高差闭合差为

$$W_h = \sum h_f + \sum h_b$$

各种路线形式的水准测量，其高差闭合差均不应超过容许值，否则即认为观测结果不符合要求。

三、水准测量的施测方法

转点用 TP(Turning Point)表示，在水准测量中它们起传递高程的作用。

如图 2-24 所示，已知水准点 BM_A 的高程为 H_A，现欲测定 B 点的高程 H_B。

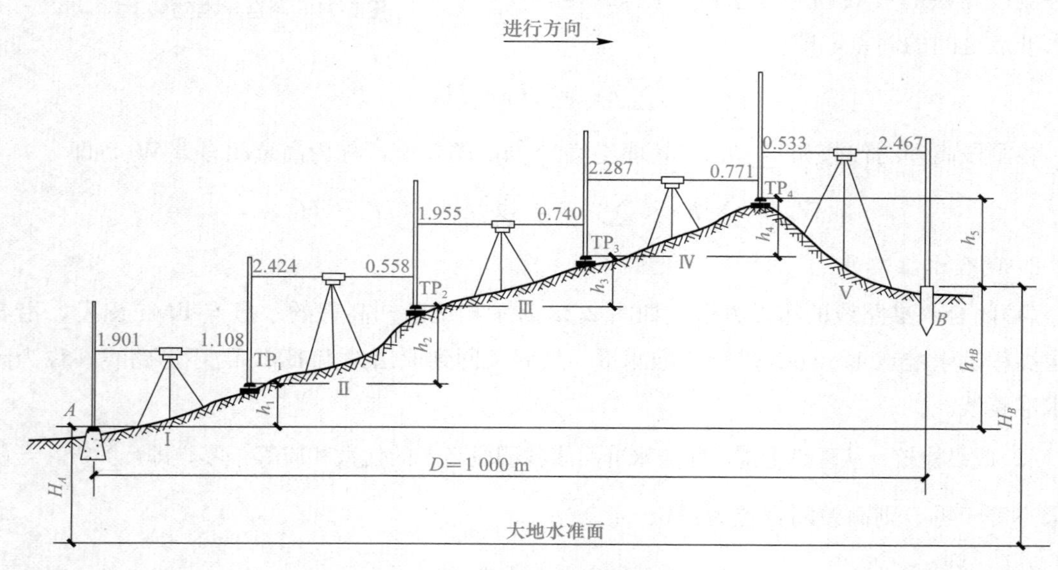

图 2-24　水准测量的施测

1. 观测与记录

水准测量手簿见表 2-1。

表 2-1　水准测量手簿

测站	测点	水准尺读数/m		高差/m		高程/m	备注
		后视读数	前视读数	+	−		
1	2	3	4	5		6	7
1	BM_A	1.453		0.580		132.815	
	TP_1		0.873				
2	TP_1	2.532		0.770			
	TP_2		1.762				

续表

测站	测点	水准尺读数/m		高差/m		高程/m	备注
		后视读数	前视读数	+	−		
1	2	3	4	5		6	7
3	TP_2	1.372		1.337			
	TP_3		0.035				
4	TP_3	0.874			0.929		
	TP_4		1.803				
5	TP_4	1.020			0.564		
	B		1.584			134.009	
计算检核	$\sum$	7.251	6.057	2.687	1.493		
	$\sum a-\sum b=+1.194$			$\sum h=+1.194$		$h_{AB}=H_B-H_A=+1.194$	

2. 计算与计算检核

(1)计算。每一测站都可测得前、后视两点的高差，即

$$h_1=a_1-b_1,\ h_2=a_2-b_2,\ \cdots,\ h_5=a_5-b_5$$

将上述各式相加，得

$$h_{ab}=\sum h=\sum a-\sum b$$

则 B 点高程为

$$H_B=H_A+h_{ab}=H_A+\sum h$$

(2)计算检核。为了保证记录表中数据的正确，应对后视读数总和减去前视读数总和、高差总和、B 点高程和 A 点高程之差进行检核，这三个数字相等，即

$$\sum a-\sum b=7.251-6.057=+1.194(\mathrm{m})$$

3. 水准测量的测站检核

(1)变动仪器高法。变动仪器高法是在同一个测站上用两次不同的仪器高度，测得两次高差进行检核。要求：**改变仪器高度应大于 10 cm**，两次所测高差之差不超过容许值(例如等外水准测量容许值为±6 mm)，取其平均值作为该测站的最后结果，否则需要重测。

(2)双面尺法。**分别对双面水准尺的黑面和红面进行观测**。利用前、后视的黑面和红面读数，分别算出两个高差。如果不符值不超过规定的限差(例如，四等水准测量容许值为±5 mm)，取其平均值作为该测站的最后结果，否则需要重测。

四、水准测量的等级及主要技术要求

在工程上常用的水准测量有三、四等水准测量和等外水准测量。

1. 三、四等水准测量

三、四等水准测量，常作为小地区测绘大比例尺地形图和施工测量的高程基本控制。三、四等水准测量的主要技术要求见表 2-2。

表 2-2　三、四等水准测量的主要技术要求

等级	路线长度/km	水准仪	水准尺	观测次数		往返较差、附合或环线闭合差	
				与已知点联测	附合或环线	平地/mm	山地/mm
三	≤50	DS1	铟瓦	往返各一次	往一次	$\pm 12\sqrt{L}$	$\pm 4\sqrt{n}$
		DS3	双面		往返各一次		
四	≤16	DS3	双面	往返各一次	往一次	$\pm 20\sqrt{L}$	$\pm 6\sqrt{n}$
注：L 为水准路线长度(km)；n 为测站数。							

2. 等外水准测量

等外水准测量又称为图根水准测量或普通水准测量，主要用于测定图根点的高程及工程水准测量。等外水准测量的主要技术要求见表 2-3。

表 2-3　等外水准测量的主要技术要求

等级	路线长度/km	水准仪	水准尺	视线长度/m	观测次数		往返较差、附合或环线闭合差	
					与已知点联测	附合或环线	平地/mm	山地/mm
等外	≤5	DS3	单面	100	往返各次	往一次	$\pm 40\sqrt{L}$	$\pm 12\sqrt{n}$
注：L 为水准路线长度(km)；n 为测站数。								

五、三、四等水准测量

1. 三、四等水准测量观测的技术要求

三、四等水准测量观测的技术要求见表 2-4。

表 2-4　三、四等水准测量观测的技术要求

等级	水准仪	视线长度/m	前、后视距差/m	前、后视距累积差/m	视线高度	黑面、红面读数之差/mm	黑面、红面所测高差之差/mm
三	DS1	100	3	6	三丝能读数	1.0	1.5
	DS3	75				2.0	3.0
四	DS3	100	5	10	三丝能读数	3.0	5.0

2. 一个测站上的观测程序和记录

一个测站上的这种观测程序简称“后—前—前—后”或“黑—黑—红—红”。四等水准测量也可采用“后—后—前—前”或“黑—红—黑—红”的观测程序，见表 2-5。

表 2-5　三、四等水准测量手簿(双面尺法)

测站编号	点号	后尺 上丝 下丝 后视距 视距差	前尺 上丝 下丝 前视距	方向及尺号	水准尺读数 黑面	水准尺读数 红面	K＋黑－红	平均高差/m	备注
		(1) (2) (9) (11)	(4) (5) (10) (12)	后 前 后－前	(3) (6) (15)	(8) (7) (16)	(14) (13) (17)	(18)	
1	BM_1-TP_1	1 571 1 197 37.4 －0.2	0 739 0 363 37.6 －0.2	后 12 前 13 后－前	1 384 0 551 ＋0.833	6 171 5 239 ＋0.932	0 －1 ＋1	＋0.832	
2	TP_1-TP_2	2 121 1 747 37.4 －0.1	2 196 1 821 37.5 －0.3	后 13 前 12 后－前	1 934 2 008 －0.074	6 621 6 796 －0.175	0 －1 ＋1	－0.074	
3	TP_2-TP_3	1 914 1 539 37.5 －0.2	2 055 1 678 37.7 －0.5	后 12 前 13 后－前	1 726 1 866 －0.140	6 513 6 554 －0.041	0 －1 ＋1	－0.140	K 见水准尺尺常数表： $K_{12}=4.787$ $K_{13}=4.687$
4	TP_3-A	1 965 1 700 26.5 －0.2	2 141 1 874 26.7 －0.7	后 13 前 12 后－前	1 832 2 007 －0.175	6 519 6 793 －0.274	0 ＋1 －1	－0.174	
每页检核	$\sum(9)=138.8$ $-)\sum(10)=139.5$ $=-0.7$ $=4$ 站(12) $\sum(18)=+0.443$		$\sum[(3)+(8)]=32.700$ $-)\sum[(6)+(7)]=31.814$ $=+0.886$ $2\sum(18)=+0.886$		$\sum[(15)+(16)]=+0.886$ 总视距 $\sum(9)+\sum(10)=287.3$				

3. 测站计算与检核

(1)视距部分。视距等于下丝读数与上丝读数的差乘以 100。

后视距离：(9)＝[(1)－(2)]×100

前视距离：(10)＝[(4)－(5)]×100

计算前、后视距差：(11)＝(9)－(10)

计算前、后视距累积差：(12)＝上站(12)＋本站(11)

(2)水准尺读数检核。同一水准尺的红、黑面中丝读数之差，应等于该尺红、黑面的尺常数 K(4.687 m或4.787 m)。红、黑面中丝读数差(13)、(14)按下式计算：

$$(13)=(6)+K_{前}-(7)$$

$$(14)=(3)+K_{后}-(8)$$

红、黑面中丝读数差(13)、(14)的值，三等不得超过2 mm，四等不得超过3 mm。

(3)高差计算与校核。根据黑面、红面读数计算黑面、红面高差(15)、(16)，计算平均高差(18)。

$$黑面高差：(15)=(3)-(6)$$

$$红面高差：(16)=(8)-(7)$$

$$黑、红面高差之差：(17)=(15)-[(16)\pm 0.100]=(14)-(13)(校核用)$$

式中　0.100——两根水准尺的尺常数之差(m)。

黑、红面高差之差(17)的值，三等不得超过3 mm，四等不得超过5 mm。

$$平均高差：(18)=(15)+[(16)\pm 0.100]$$

当 $K_{后}=4.687$ m时，式中取+0.100 m；当 $K_{后}=4.787$ m时，式中取−0.100 m。

4. 每页计算的校核

(1)视距部分。后视距离总和减前视距离总和应等于末站视距累积差，即

$$\sum(9)-\sum(10)=末站(12)$$

$$总视距=\sum(9)+\sum(10)$$

(2)高差部分。红、黑面后视读数总和减红、黑面前视读数总和应等于黑、红面高差总和，还应等于平均高差总和的两倍，即

测站数为偶数时：

$$\sum[(3)+(8)]-\sum[(6)+(7)]=\sum[(15)+(16)]=2\sum(18)$$

测站数为奇数时：

$$\sum[(3)+(8)]-\sum[(6)+(7)]=\sum[(15)+(16)]=2\sum(18)\pm 0.100$$

用双面水准尺进行三、四等水准测量的记录、计算与校核，见表2-5。

任务五　水准测量的误差及注意事项

水准测量误差包括仪器误差、观测误差和外界条件的影响三方面。在水准测量作业中，应根据产生误差的原因，采取相应措施，尽量减弱或消除误差的影响。

一、仪器误差

1. 水准管轴与视准轴不平行误差

水准管轴与视准轴不平行，虽然经过校正，仍然可存在少量的残余误差。这种误差的影响与距离成正比，**只要观测时注意使前、后视距离相等**，便可消除此项误差对测量结果的影响。

2. 水准尺误差

水准尺刻划不准确、尺长变化、水准尺弯曲等，会影响水准测量的精度，因此，水准尺要经过检核才能使用。

二、观测误差

1. 水准管气泡的居中误差

由于气泡居中存在误差，致使视线偏离水平位置，从而带来读数误差。为减小此误差的影响，每次读数时，都要使**水准管气泡严格居中**。

2. 估读水准尺的误差

水准尺估读毫米数的误差大小与望远镜的放大倍率以及视线长度有关。在测量作业中，应遵循**不同等级的水准测量对望远镜放大倍率和最大视线长度的规定**，以保证估读精度。

3. 视差的影响误差

当存在视差时，由于十字丝平面与水准尺影像不重合，若眼睛的位置不同，便读出不同的读数，从而产生读数误差。因此，**观测时要仔细调焦，严格消除视差**。

4. 水准尺倾斜的影响误差

水准尺倾斜，将使尺上读数增大，从而带来误差。如水准尺倾斜 $3°30'$，在水准尺上 1 m 处读数时，将产生 2 mm 的误差。为了减小这种误差的影响，**水准尺必须扶直**。

三、外界条件的影响误差

1. 水准仪下沉误差

水准仪下沉会使视线降低，从而引起高差误差。如采用**“后、前、前、后”的观测程序**，可减弱其影响。

2. 尺垫下沉误差

如果在转点发生尺垫下沉，将使下一站的后视读数增加，也将引起高差的误差。采用往返观测的方法，取成果的中数，可减弱其影响。

为了防止水准仪和尺垫下沉，测站和转点应选在土质实处，并踩实三脚架和尺垫，使其稳定。

3. 地球曲率及大气折光的影响

地球曲率及大气折光的影响，如图 2-25 所示。

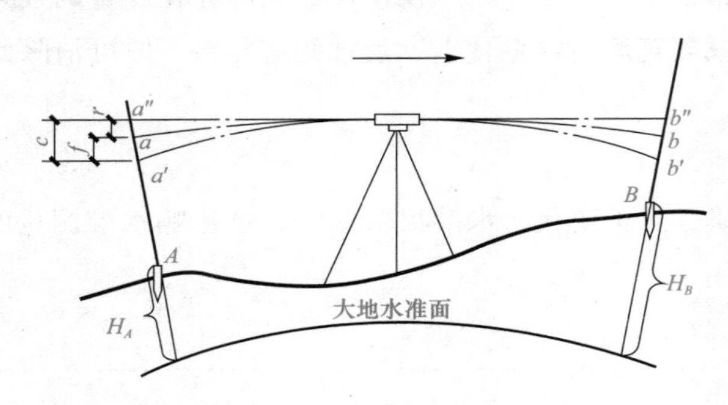

图 2-25　地球曲率及大气折光的影响

如图 2-25 所示，A、B 为地面上两点，大地水准面是一个曲面，如果水准仪的视线 $a'b'$ 平行于大地水准面，则 A、B 两点的正确高差为

$$h_{AB}=a'-b'$$

但是，水平视线在水准尺上的读数分别为 a''、b''。a'、a'' 之差与 b'、b'' 之差，就是地球曲率对读数的影响，用 c 表示。

$$c=\frac{D^2}{2R}$$

式中　D——水准仪到水准尺的距离(km)；

R——地球的平均半径，R=6 371 km。

由于大气折光的影响，视线是一条曲线，在水准尺上的读数分别为 a、b。a、a'' 之差与 b、b'' 之差，就是大气折光对读数的影响，用 r 表示。在稳定的气象条件下，r 约为 c 的 1/7，即

$$r=\frac{1}{7}c=0.07\frac{D^2}{R}$$

地球曲率和大气折光的共同影响为

$$f=c-r=0.43\frac{D^2}{R}$$

地球曲率和大气折光的影响，可采用使前、后视距离相等的方法来消除。

4. 温度的影响误差

温度的变化不仅会引起大气折光的变化，而且当烈日照射水准管时，由于水准管本身和管内液体温度升高，气泡向着温度高的方向移动，从而影响水准管轴的水平，产生气泡居中误差。所以，测量中应随时注意为仪器打伞遮阳。

任务六　水准仪的检验与校正

一、水准仪应满足的几何条件

根据水准测量的原理，水准仪必须能提供一条水平的视线，它才能正确地测出两点之间的高差。为此，水准仪在结构上应满足图 2-26 所示的形式。

(1)圆水准器轴 LL' 应平行于仪器的竖轴 VV；

(2)十字丝的中丝应垂直于仪器的竖轴 VV；

(3)水准管轴 LL 应平行于视准轴 CC。

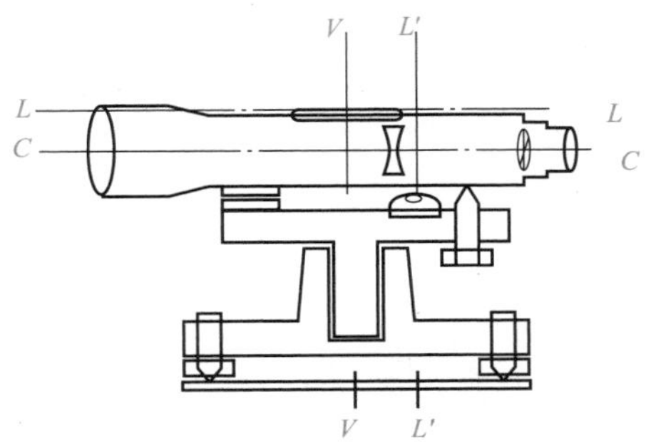

图 2-26　水准仪的轴线

水准仪应满足上述各项条件，这些条件水准仪出厂时经检验都是满足的，但由于仪器在长期使用和运输过程中受到振动等因素的影响，各轴线之间的关系可能发生变化，若不及时检验校正，其将会影响测量成果的精度。所以，在水准测量之前，应对水准仪进行认真的检验和校正。

二、水准仪的检验与校正

(1)圆水准器 $L'L'$ 平行于仪器竖轴 VV 的检校与校正，如图 2-27 所示。

目的：使圆水准器轴平行于仪器的竖轴，即当圆水准器的气泡居中时，水准仪的竖轴应处于铅垂状态。

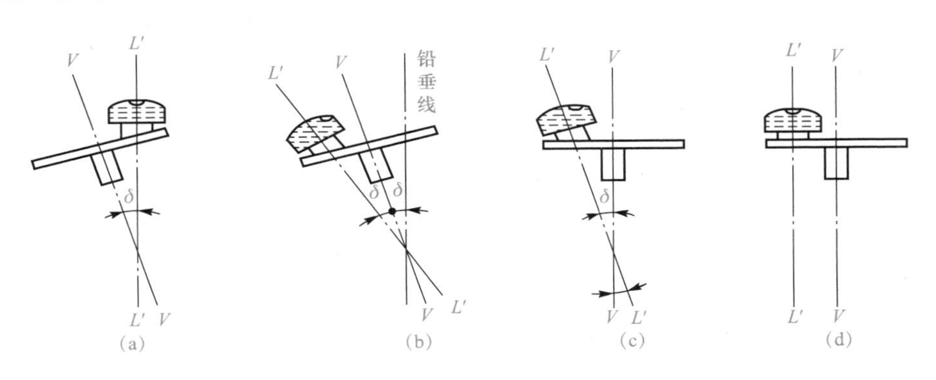

图 2-27　圆水准器的检验与校正原理

检验方法：在安置仪器后，先转动脚螺旋粗平，使圆水准气泡居中，然后将仪器绕竖轴旋转 180°。如果圆水准器气泡仍然居中，说明这两根轴平行，条件满足；如果气泡发生了偏移，说明两轴不平行，需要校正。

校正方法：圆水准器轴和竖轴的偏移关系如图 2-28 所示，校正时，先调整仪器的脚螺旋，使气泡向中心方向移动偏离值的一半，这时竖轴是铅垂的。然后旋松圆水准器底部的固定螺丝，用校正针拨动三个校正螺丝，如图 2-28 所示，使气泡居中，此时圆水准器轴平行于仪器竖轴且处于铅垂位置。此法需要反复进行，直到在任何方向上，圆水准器气泡均居中为止。最后不要忘记拧紧固定螺丝。

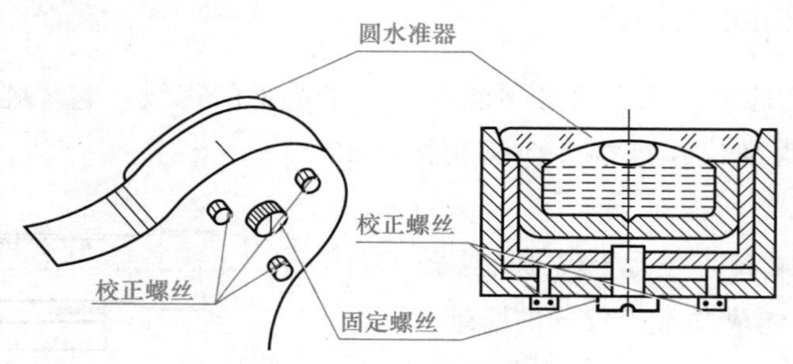

图 2-28　圆水准器校正螺丝

(2)十字丝横丝的检验与校正。

目的：保证水准仪十字丝横丝垂直于仪器的竖轴，即竖轴铅垂时，横丝保持水平。

检验方法：安置并整平水准仪后，用十字丝横丝的任一端瞄准某一明显目标 P，如图 2-29 所示，然后进行制动后再转动微动螺旋，如果目标点 P 沿着横丝移动且不发生偏移，如图 2-29(b)所示，就表示仪器横丝垂直于竖轴；如果目标点 P 偏移了横丝，如图 2-29(c)、(d)所示，就需校正。

校正方法：松开水准仪十字丝分划板座的固定螺丝[图 2-29(e)]旋转十字丝分划板，使横丝与 P 点的运动轨迹一致，再将固定螺丝拧紧，装好外罩。一般此项校正也需反复进行[图 2-29(f)]。

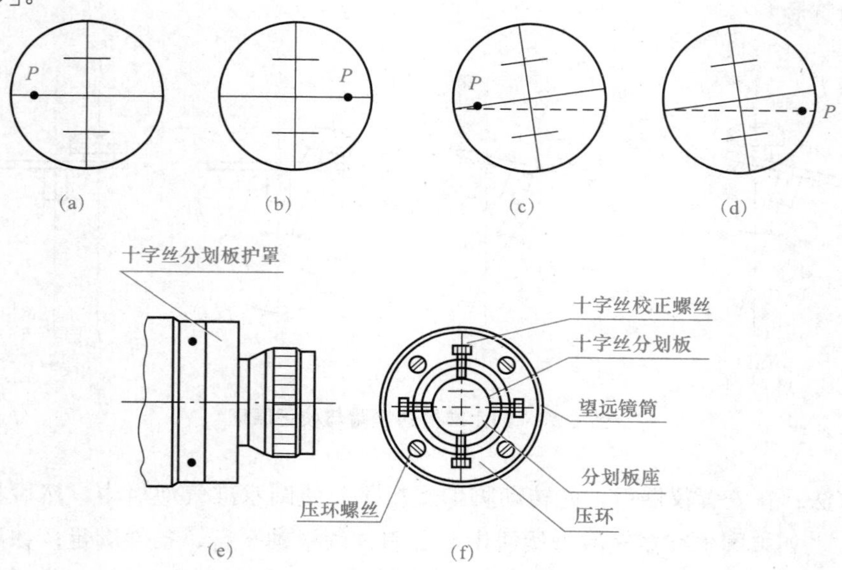

图 2-29　十字丝横丝的检验与校正

三、水准管轴的检验与校正

目的：使水准管轴平行于视准轴，即管水准器气泡居中时，视准轴处于水平状态。

检验方法：如图 2-30 所示，在比较平坦的地面上定出固定的两点 A、B。使两点相距 80 m 左右并打下木桩或放下尺垫作为标志，在其上立水准尺。将水准仪安置在线段 AB 的中点处，设为点 C。设视线在水准尺上的读数分别为 a_1 和 b_1，则高差 $h_{AB}=a_1-b_1$，此时水准管轴不平行于视准轴，即视线是倾斜的，但因为水准仪到两水准尺的距离相等，故误差也相等，即 $\Delta a=\Delta b=\Delta$，由图可知，$a_1=a+\Delta$，$b_1=b+\Delta$，代入上式得

$$h_{AB}=(a+\Delta)-(b+\Delta)=a-b$$

即把水准仪安置在两点中间进行观测，便可消除由于视准轴不平行于水准管轴所产生的误差 Δ，得到两点间的正确高差 h_{AB}。然后将仪器搬于 B 点附近(A 点也可)，距水准尺 2～3 m，设为点 E。整平仪器，进行测量。读得 B 点水准尺上的读数为 b_2，因此时水准仪离 B 点很近，两轴不平行引起的读数误差很小，可忽略不计。根据 b_2 和高差 h_{AB} 算出 A 点水准尺上视线水平时的应有读数为

$$a_2'=b_2+h_{AB}$$

若 a_2' 与此时实际读出的数据 a_2 的值相等，则说明仪器的水准管轴平行于视准轴；若不等，则说明水准管轴不平行于视准轴，两轴存在偏角 i。其值为

$$i=\frac{a_2'-a_2}{D_{AB}}\rho$$

式中 D_{AB}——A、B 两点间的水平距离(m)；

i——视准轴与水准管轴的偏移夹角[($''$)]；

ρ——一弧度的秒值，$\rho=206\ 265''$。

对于 DS3 型水准仪而言，i 角值不得大于 $20''$，如果超限，则必须进行校正。

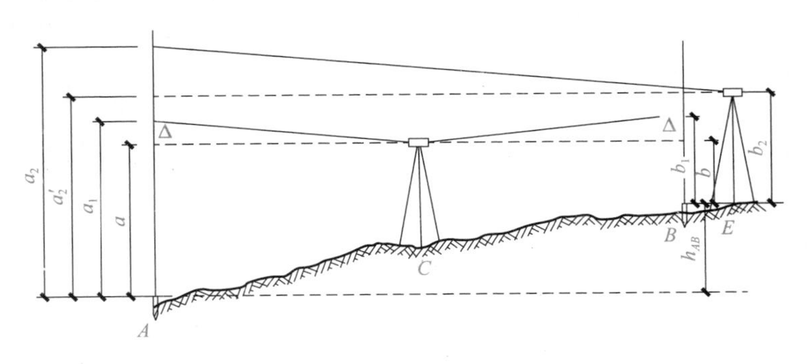

图 2-30 水准管轴检校原理

校正方法：仪器保持固定，转动微倾螺旋，将十字丝的横丝对准 A 点水准尺上应有读数 a_2'，此时视线水平而水准管气泡偏离中心。再用校正拨针先拨松水准管的固定螺丝，如图 2-31 所示，再拨动上、下两个校正螺丝，使偏离的气泡重新居中，最后将校正螺丝旋紧

即可。此项校正工作也需反复进行，直至达到要求为止。

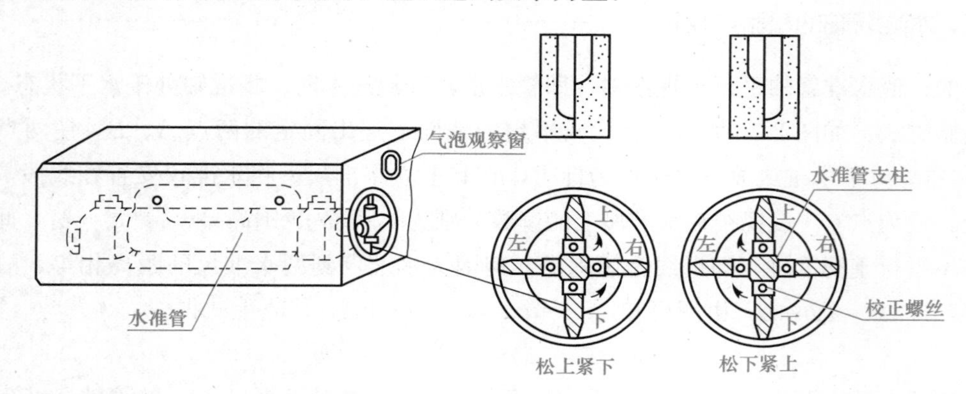

图 2-31 水准管的校正

任务七 现代测量仪器的应用

一、精密水准仪简介

精密水准仪，是指主要用于高精度测量工作的精度高于±1 mm/km 的水准仪。

1. 精密水准仪

精密水准仪一般是指精度高于±1 mm/km 的水准仪，我国水准仪系列中 DS1 等均属于精密水准仪，如图 2-32 所示。精密水准仪有微倾式、自动补偿式和数字式。精密水准仪主要用于高精度测量工程，如建筑物、构筑物、地面的沉降观测，重要工程高程控制网的布设，大型建筑物的施工和设备安装等测量工作。

图 2-32 精密水准仪

精密水准仪的构造特点：水平视线精度高，光学测微器能提高读数精度，望远镜放大倍率大、影像清晰，结构坚固，性能稳定。

精密水准尺的构造特点：尺身中镶有铟瓦合金尺带，尺面有基辅双排读数，尺身附有圆水准仪，尺框不可伸缩。

2. 精密水准尺

精密水准仪必须配有精密水准尺。这种尺一般是在木质尺身的槽内，安有一根铟瓦合金带。带上有刻划，数字注在木尺上，如图 2-33 所示。精密水准尺的分划有 1 cm 和 0.5 cm

两种，它需与精密水准仪配套使用。

精密水准尺的分划注记形式一般有两种：

一种是尺身上刻有左、右两排分划，右边为基本分划，左边为辅助分划。基本分划的注记从零开始，辅助分划的注记从某一常数 K 开始，K 称为基辅差。

另一种是尺身上两排均为基本分划，其最小分划为 10 mm，但彼此错开 5 mm，尺身一侧注记米数，另一种侧注记分米数。尺身标有大、小三角形，小三角形表示半分米处，大三角形表示分米的起始线。这种水准尺上的注记数字比实际长度增大了一倍，即 5 cm 注记为 1 dm。因此，使用这种水准尺进行测量时，**要将观测高差除以 2 才是实际高差。**

3. 精密水准仪的操作方法

精密水准仪的操作方法与一般水准仪基本相同，只是读数有些差异。在水准仪精平后，十字丝中丝往往不恰好对准水准尺上某一整分划线，这时就要转动测微轮使视线上、下平行移动，十字丝的楔形丝正好夹住一个整分划线，如图 2-34 所示，被夹住的分划线读数为 1.97 m。此时视线上、下平移的距离则由测微器读数窗中读出，其读数为 1.50 mm。所以，水准尺的全读数为 1.97+0.001 50=1.971 50(m)。实际读数为全部读数的一半，即 1.971 50÷2=0.985 75(m)。

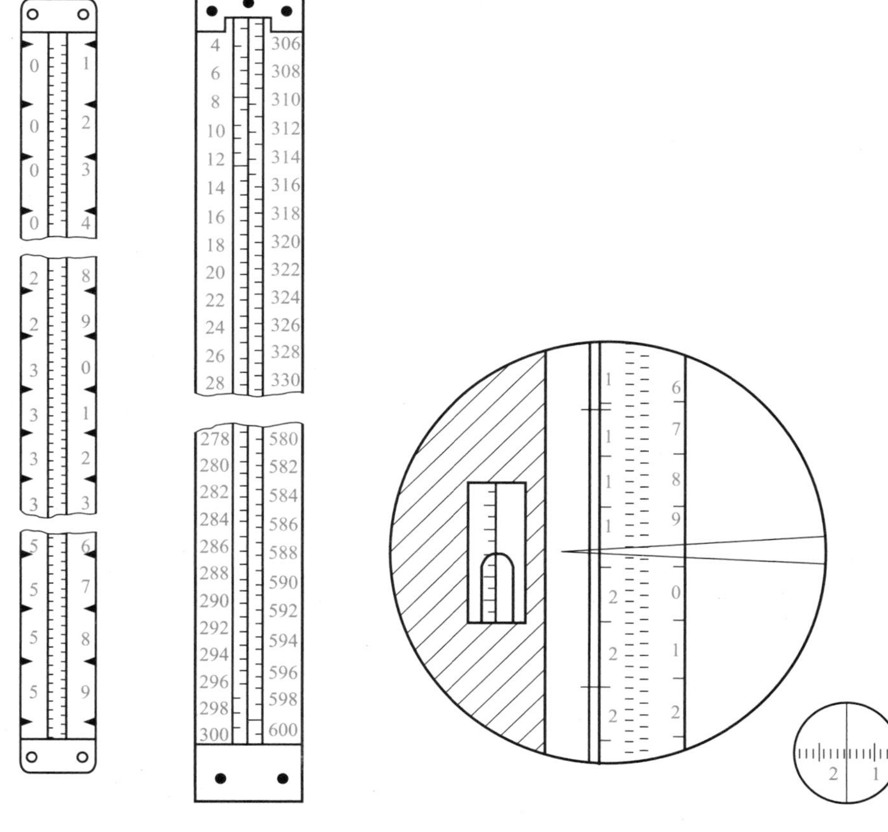

图 2-33　精密水准尺　　　　图 2-34　DS1 型水准仪读数视场

■ 二、自动安平水准仪

自动安平水准仪是指在一定的竖轴倾斜范围内，利用补偿器自动获取视线水平时水准标尺读数的水准仪。它用自动安平补偿器代替管状水准器，在仪器微倾时补偿器受重力作用而相对于望远镜筒移动，使视线水平时标尺上的正确读数通过补偿器后仍旧落在水平十字丝上。自动安平的补偿可通过悬吊十字丝、在焦镜筒至十字丝之间的光路中安置一个补偿器，和在常规水准仪的物镜前安装单独的补偿附件3个途径实现。用此类水准仪观测时，当圆水准器气泡居中，仪器放平之后，不需再经手工调整即可读得视线水平时的读数。它可简化操作手续，提高作业速度，从而减小外界条件变化所引起的观测误差。

■ 三、电子水准仪

目前，电子水准仪的照准标尺和调焦仍需目视进行。人工调试后，标尺条码一方面被成像在望远镜分化板上，供目视观测；另一方面通过望远镜的分光镜，被成像在光电传感器(又称探测器)上，供电子读数。由于各厂家标尺编码的条码图案各不相同，因此条码标尺一般不能互通使用。当使用传统水准标尺进行测量时，电子水准仪也可以像普通自动安平水准仪一样使用，不过这时的测量精度低于电子测量的精度，特别是精密电子水准仪，由于没有光学测微器，将它当成普通自动安平水准仪使用时，其精度更低。

当前电子水准仪采用了原理上相差较大的三种自动电子读数方法：

(1)相关法(徕卡 NA3002/3003)；

(2)几何法(蔡司 DiNi10/20)；

(3)相位法(拓普康 DL101C/102C)。

它与传统仪器相比有以下特点：

(1)读数客观。不存在误差、误记问题，没有人为读数误差。

(2)精度高。视线高和视距读数都是采用大量条码分划图像经处理值后取平均值得出来的，因此削弱了标尺分划误差的影响。多数仪器都有进行多次读数取平均值的功能，可以削弱外界条件的影响。不熟练的作业人员也能进行高精度测量。

(3)速度快。由于省去了报数、听记、现场计算的时间以及人为出错的重测数量，测量时间与传统仪器相比可以节省1/3左右。

(4)效率高。只需调焦和按键就可以自动读数，降低了劳动强度。视距还能自动记录、检核、处理，并能输入电子计算机进行后处理，可实线内外业一体化。

思考题与练习

1. 水准仪是根据什么原理来测定两点之间的高差的?

2. 简述用望远镜瞄准水准尺的步骤。

3. 什么是视差？产生视差的原因是什么？如何消除视差？

4. 什么是水准管分划值？它与水准管的灵敏度有何关系？

5. 圆水准器和水准管各有什么作用？

6. 水准仪有哪些轴线？它们之间应满足什么条件？哪个是主要条件？为什么？

7. 结合水准测量的主要误差来源，说明在观测过程中要注意的事项。

参考答案

8. 后视点 A 的高程为 55.318 m，读得其水准尺的读数为 2.212 m，在前视点 B 尺上读数为 2.522 m，问高差 h_{ab} 是多少？B 点比 A 点高，还是比 A 点低？B 点的高程是多少？试绘图说明。

9. 已知 A、B 两水准点的高程分别为：$H_A=44.286$ m，$H_B=44.175$ m。水准仪安置在 A 点附近，测得 A 尺上的读数 $a=1.966$ m，B 尺上的读数 $b=1.845$ m。问这架仪器的水准管轴是否平行于视准轴？若不平行，当水准管轴的气泡居中时，视准轴是向上倾斜，还是向下倾斜？如何校正？

项目三　角度测量

学习重点

(1)角度测量的原理。

(2)经纬仪的构造及读数方法。

(3)经纬仪的使用方法。

(4)经纬仪的检验与校正方法。

技能目标

会观测水平角、竖直角。

应用能力

能测设水平角。

案例导入

如图3-1所示，A、B、C、D为某建筑物的四个角点，现根据工程需要，要求观测出水平角$\angle ABC$和水平角$\angle ADC$是否等于$90°$，或差多少。同学们，你们知道水平角观测的原理是什么以及观测水平角需要用什么仪器吗？

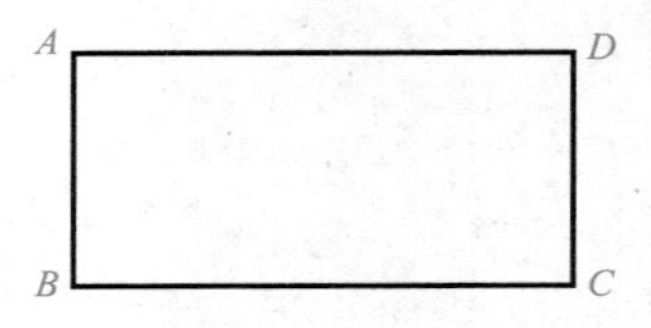

图3-1　建筑物角点示意

岗位角色目标

直接角色：测量工程师、测量员。

间接角色：监理工程师、建造师、质量检查员、施工员。

任务一　角度测量的基本概念

角度测量是测量的三项基本工作之一，角度测量包括水平角测量和竖直角测量。经纬仪是进行角度测量的主要仪器。

一、水平角及其测量原理

从一点发出的两条空间直线在水平面上投影的夹角即二面角，称为水平角。其范围为顺时针 0°～360°。如图 3-2 所示，水平角$\angle AOB=\beta$。

测角仪器用来测量角度的必要条件如下：

(1)仪器的中心必须位于角顶的铅垂线上。

(2)照准部设备(望远镜)要能上下、左右转动，上下转动时所形成的是竖直面。

(3)要具有一个有刻划的度盘，并能安置成水平位置。

(4)要有读数设备，读取投影方向的读数。

二、竖直角定义

竖直角是同一竖直面内水平方向转向目标方向的夹角。目标方向高于水平方向的**竖直角称为仰角，α 为正值，取值范围为 0°～+90°**；目标方向低于水平方向的竖直角称为俯角，**α 为负值，取值范围为 0°～−90°**，如图 3-3 所示。经纬仪在测量竖直角时，只要照准目标，读取竖盘读数，就可以通过计算得到目标的竖直角。

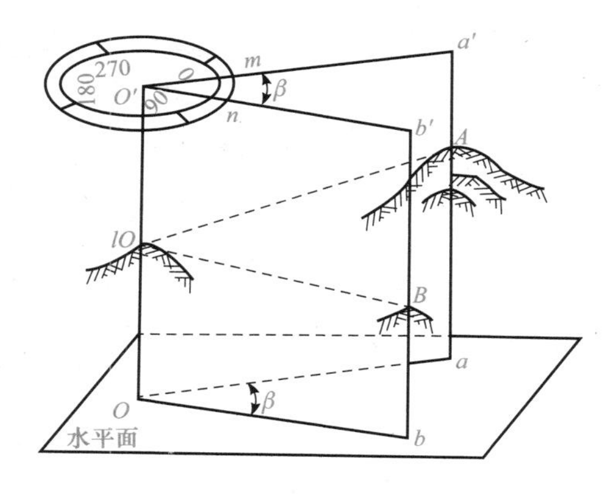

图 3-2　水平角测量原理

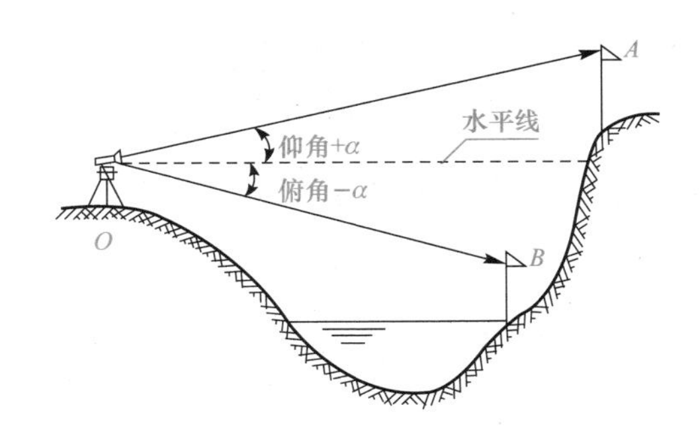

图 3-3　竖直角测量原理

任务二　角度测量的仪器及工具

经纬仪是测量角度的仪器。按其精度分，有 DJ6、DJ2 两种。其表示一测回方向观测中误差分别为 6″、2″。

经纬仪的代号有 DJ1、DJ2、DJ6、DJ10 等。其中，“D”和“J”为大地测量和经纬仪的汉语拼音第一个字母，“6”和“2”为仪器的精密度，测回方向观测中误差不超过±6″和±2″。**在工程中常用 DJ2、DJ6 型经纬仪，一般简称为 J2 、J6 经纬仪。**

■ 一、DJ6 光学经纬仪的构造

各种光学经纬仪的组成基本相同，以 DJ6 光学经纬仪为例，其外形如图 3-4(a)所示。其内部构造主要由照准部、水平度盘和基座三部分组成[图 3-4(b)]。

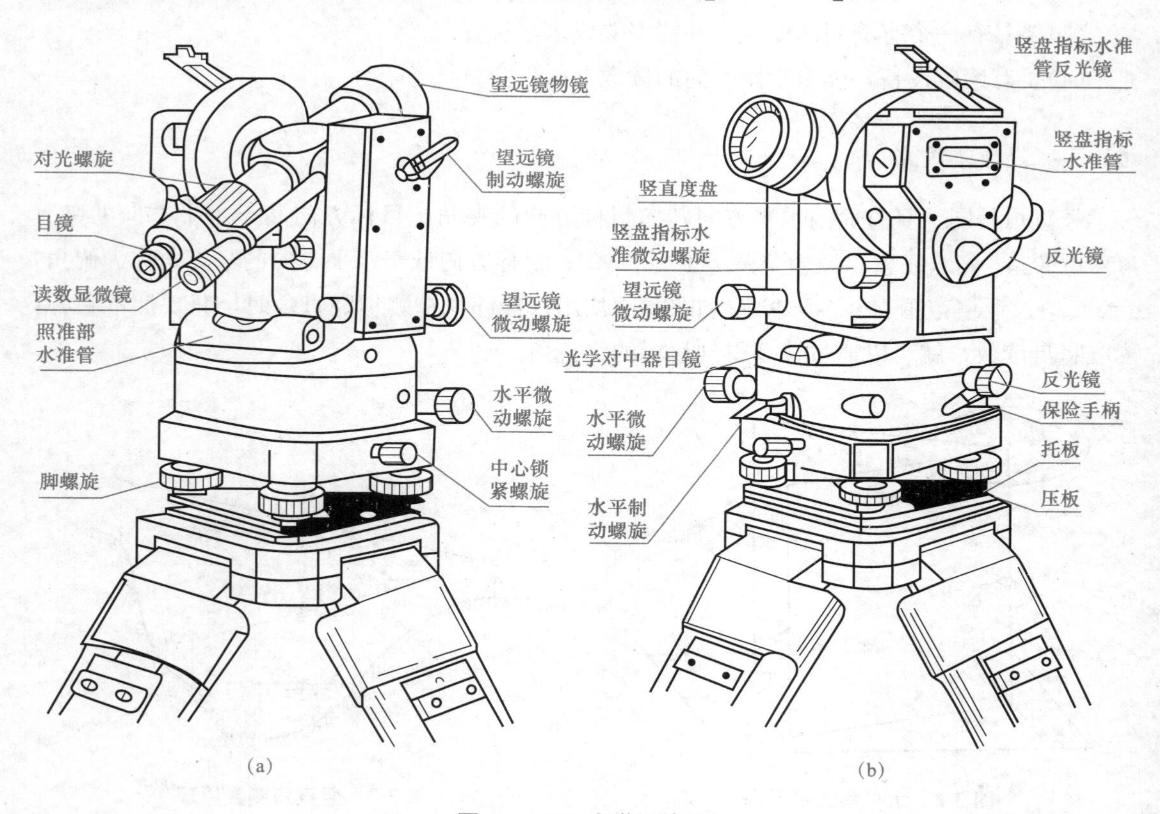

图 3-4　DJ6 光学经纬仪

(a)外形；(b)内部构造

1. 照准部

照准部的主要部件有望远镜、管水准器、竖直度盘、读数设备等。望远镜由物镜、目镜、十字丝分划板、调焦透镜组成。

望远镜的主要作用是照准目标，望远镜与横轴固连在一起，由望远镜制动螺旋和微动螺旋控制其作上下转动。照准部可绕竖轴在水平方向转动，由照准部制动螺旋和微动螺旋控制其水平转动。

照准部水准管用于精确整平仪器。

竖直度盘是为了测量竖直角设置的，可随望远镜一起转动。另设竖盘指标自动补偿器装置和开关，借助自动补偿器使读数指标处于正确位置。

读数设备通过一系列光学棱镜将水平度盘和竖直度盘及测微器的分划都显示在读数显微镜内，通过仪器反光镜将光线反射到仪器内部，以便读取度盘读数。

另外，为了能将竖轴中心线安置在过测站点的铅垂线上，在经纬仪上部设有对点装置。一般光学经纬仪都设置有垂球对点装置或光学对点装置，垂球对点装置是在中心螺旋下面装有垂球挂钩，将垂球挂在钩上即可；光学对点装置通过安装在旋转轴中心的转向棱镜，将地面点成像在对点分划板上，通过对中目镜放大，同时看到地面点和对点分划板的影像，若地面点位于对点分划板刻划中心，并且水准管气泡居中，则说明仪器中心与地面点位于同一铅垂线上。

2. 水平度盘

水平度盘是一个光学玻璃圆环，**圆环上按顺时针刻划注记0°～360°分划线**，主要用来测量水平角。观测水平角时，**经常需要将某个起始方向的读数配置为预先指定的数值，称为水平度盘的配置**。水平度盘的配置机构有复测机构和拨盘机构两种类型。北光仪器采用的是拨盘机构，当转动拨盘机构变换手轮时，水平度盘随之转动，水平读数发生变化，而照准部不动，当压住度盘变换手轮下的保险手柄时，可将度盘变换手轮向里推进并转动，即可将度盘转动到需要的读数位置上。

3. 基座

经纬仪主要由基座、圆水准器、脚螺旋和连接板组成。基座是支承仪器的底座，照准部同水平度盘一起插入轴座，用固定螺丝固定；圆水准器用于粗略整平仪器；三个脚螺旋用于整平仪器，从而使竖轴竖直、水平度盘水平；连接板用于将仪器稳固地连接在三脚架上。

二、分微尺装置的读数方法

如图3-5所示，DJ6光学经纬仪一般采用分微尺读数。在显微镜读数窗内，可以同时看到水平度盘和竖直度盘的像。注有“*H*”字样的是水平度盘，注有“*V*”字样的是竖直度盘，在水平度盘和竖直度盘上，相邻两分划线间的弧长所对的圆心角称为度盘的分划值。DJ6经纬仪的分划值为 1°，按顺时针方向每度注有度数，小于 1°的读数在分微尺上读取，如图 3-6 所示。读数窗内的分微尺有 60 小格，其长度等于度盘上间隔为 1°的两根分划线在读数窗中的影像长度。因此，分微尺上一小格的分划值为 1′，可估读到 0.1′分微尺上的零分划线为读数指标线。

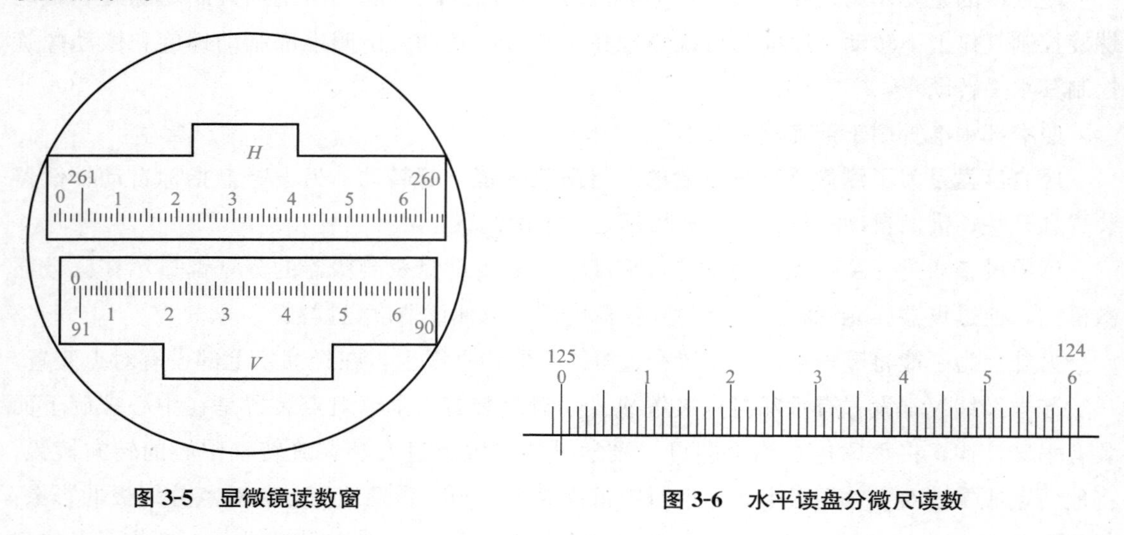

图 3-5　显微镜读数窗　　　　图 3-6　水平读盘分微尺读数

读数方法：瞄准目标后，将反光镜掀开，使读数显微镜内光线适中，然后转动、调节读数窗口的目镜调焦螺旋，使分划线清晰，并消除视差，直接读取度盘分划线注记读数及分微尺上 0 指标线到度盘分划线的读数，两数相加，即得该目标方向的度盘读数。采用分微尺读数方法简单、直观。如图 3-7 所示，水平盘读数为 125°13′12″。

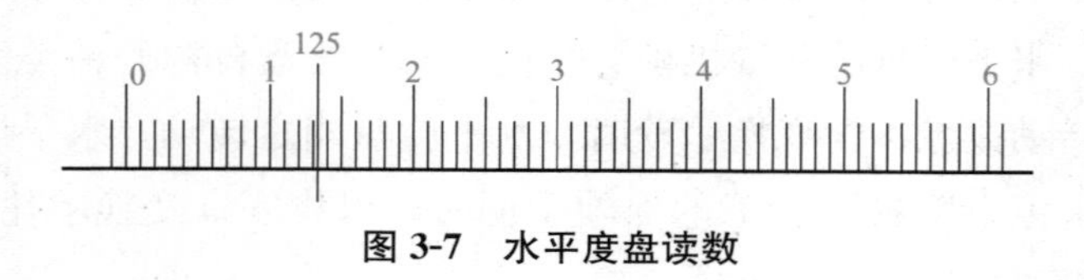

图 3-7　水平度盘读数

任务三　DJ6 经纬仪的使用

在测站上安置经纬仪进行角度测量时，其使用分为对中、整平、照准、读数四个步骤。

一、对中

对中的目的是使仪器的中心与测站点(标志中心)处于同一铅垂线。具体操作方法如下：

1. 线锤对中

(1)打开三脚架，将其安在测站点上，使架头的中心大致对准测站点的标志中心，调节脚架腿，使其高度适中，并通过目估使架头大致水平。

(2)踩紧三脚架，装上仪器，旋紧中心连接螺旋，挂上线锤。

(3)如果线锤尖离标志中心较远，则将三脚架平移，或者固定一架脚，移动另外两架脚，使线锤尖大致对准测站点标志，然后将脚架踩入土中。

(4)略微旋松中心螺旋，在架头上移动仪器，使线锤尖精确对准标志中心，最后再旋紧中心螺旋。

(5)用线锤进行对中的误差一般可控制在 3 mm 以内。

2. 光学对中器对中

(1)使架头大致水平，用垂线(或目估)初步对中。

(2)拉动对中器目镜，使测站标志的影像清晰。

(3)转动脚螺旋，使对中器对准测站标志。

(4)伸缩脚架，使圆水准器气泡居中。

(5)再转动脚螺旋，使照准部水准管气泡精确居中。

(6)检查对中器是否对准测站标志，若有小的偏差，可略微旋松中心螺旋，在架头上移动仪器，使其精确对中，最后再旋紧中心螺旋。

用光学对中器对中的误差可控制在 1 mm 以内。

二、整平

整平的目的是使仪器的竖轴竖直，水平度盘处于水平位置。具体操作方法如下：

(1)使照准部水准管大致平行于任意两个脚螺旋的连线方向，如图 3-8(a)所示。

(2)两手同时反向转动这两个脚螺旋，使水准管气泡居中(水准管气泡移动方向与左手大拇指运动方向一致)。

(3)将照准部转动 90°，此时转动第三个脚螺旋，使水准管气泡居中，如图 3-8(b)所示。

按上述步骤反复进行，直到不论水准管在任何位置，气泡偏离零点都不超过一格为止。

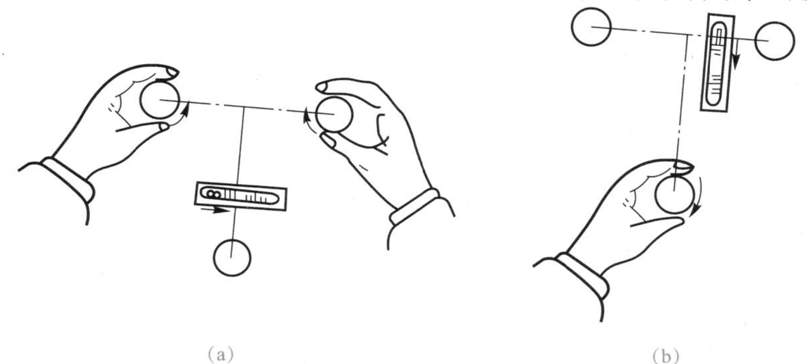

图 3-8　仪器整平

三、照准

测量水平角时，要用望远镜十字丝分划板的竖丝瞄准观测目标。具体操作方法如下：

(1)松开望远镜和照准部制动螺旋，将望远镜对向明亮背景，调节目镜调焦螺旋，使十字丝清晰。

(2)利用望远镜上的粗瞄器，粗略对准目标，旋紧制动螺旋。

(3)通过调节物镜调焦螺旋，使目标影像清晰，注意消除视差，如图 3-9(a)所示。

(4)转动望远镜和照准部的微动螺旋，使十字丝分划板的竖丝精确地瞄准目标，如图 3-9(b)所示。注意尽可能瞄准目标的下部。

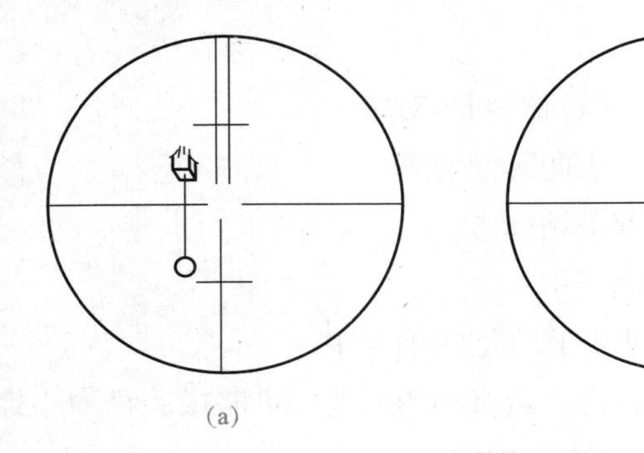

图 3-9　瞄准目标

四、读数

(1)打开反光镜，调节镜面位置，使读数窗内进光明亮均匀。

(2)调节读数显微镜目镜调焦螺旋，使读数窗内分划线清晰。

(3)按前述的 DJ6 光学经纬仪的读数方法进行读数。

综上所述，经纬仪的使用程序为：对中→整平→照准→读数。

任务四　水平角观测方法

水平角观测方法是根据测量工作的精度要求、观测目标的多少及所用的仪器而定，常用的**水平角观测方法有测回法和方向观测法两种**。

一、测回法

测回法适用于在一个测站有两个观测方向的水平角观测。如图 3-10 所示，设要观测的水平角为$\angle AOB$，先在目标点 A、B 设置观测标志，在测站点 O 安置经纬仪，然后分别瞄准 A、B 两目标点进行读数，水平度盘两个读数之差即要观测的水平角，为了消除水平角观测中的某些误差，通常对同一角度要进行盘左、盘右两个盘位观测(观测者对着望远镜目镜时，竖盘位于望远镜**左侧**，盘左又称为**正镜**，当竖盘位于望远镜**右侧**时，盘右又称为**倒镜**)，盘左位置观测，称为上半测回，盘右位置观测，称为下半测回，上、下两个半测回合称为一个测回。

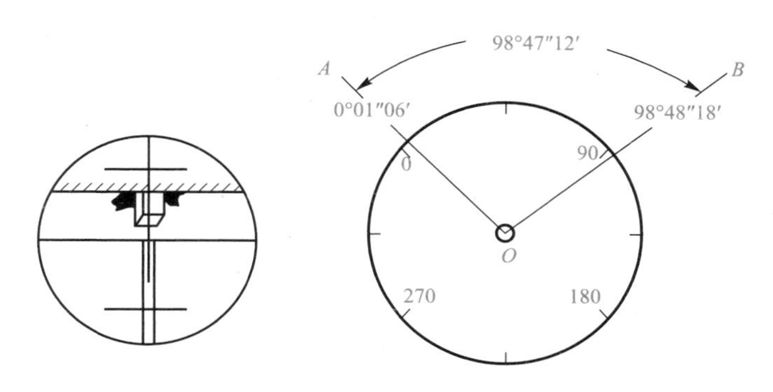

图 3-10　经纬仪瞄准目标及用测回法观测水平角

具体步骤如下：

(1)安置仪器于测站点 O，对中，整平。

(2)盘左位置瞄准 A 目标，读取水平度盘读数为 a_1，设为 128°06′36″，记入记录手簿(表 3-1)盘左 A 目标水平读数一栏。

(3)松开制动螺旋，顺时针方向转动照准部，瞄准 B 点，读取水平度盘读数为 b_1，设为 217°58′48″，记入记录手簿(表 3-1)盘左 B 目标水平读数一栏。此时完成上半个测回的观测，即

$$\beta_{左}=b_1-a_1 \tag{3-1}$$

(4)松开制动螺旋，倒转望远镜成盘右位置，瞄准 B 点，读取水平度盘的读数为 b_2，设为 37°58′42″，记入记录手簿(表 3-1)盘右 B 目标水平读数一栏。

(5)松开制动螺旋，顺时针方向转动照准部，瞄准 A 点，读取水平度盘读数为 a_2，设为 308°06′42″，记入记录手簿(表 3-1)盘右 A 目标水平读数一栏。此时完成下半个测回的观测，即

$$\beta_{右}=b_2-a_2 \tag{3-2}$$

上、下半测回合称为一个测回，取盘左、盘右所得角值的算术平均值作为该角的一测回角值，即

$$\beta=\frac{\beta_{左}+\beta_{右}}{2} \tag{3-3}$$

测回法的限差规定：一是两个半测回角值较差；二是各测回角值较差。对于精度要求不同的水平角，有不同的规定限差。当要求提高测角精度时，往往要观测 n 个测回，

每个测回可按变动值概略公式$\frac{180°}{n}$的差数改变度盘起始读数，其中n为测回数，例如测回数$n=4$，则各测回的起始方向读数应等于或略大于0°、45°、90°、135°，这样做的主要目的是减弱度盘刻划不均匀造成的误差。

(6)记录格式。

记录格式见表3-1。

表3-1 水平角观测记录(测回法)

测站	盘位	目标	水平度盘读数	水平角	
				半测回角值	测回值
O	左	A	128°06′36″	89°52′12″	89°52′06″
		B	217°58′48″		
	右	B	37°58′42″	89°52′00″	
		A	308°06′42″		

若要观测n个测回，为减小度盘分划误差，**各测回间应按180°/n的差值来配置水平度盘**。

二、方向观测法

当一个测站有三个或三个以上的观测方向时，应采用方向观测法进行水平角观测，方向观测法是以所选定的起始方向(零方向)开始，依次观测各方向相对于起始方向的水平角值，也称为方向值。两任意方向值之差，就是这两个方向之间的水平角值。如图3-11所示，有3个观测方向，需采用方向观测法进行观测，现就其观测、记录、计算及精度要求作如下介绍。

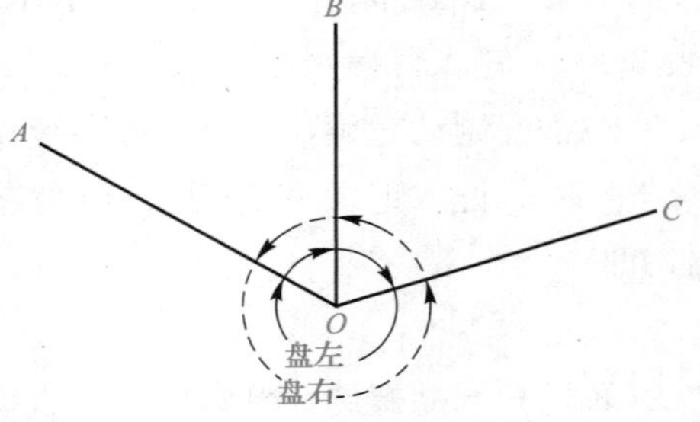

图3-11 方向观测法

(一)观测步骤

(1)安置经纬仪于测站点O，对中，整平。

(2)盘左位置瞄准起始方向(也称为零方向)A点，并配置水平度盘读数，使其略大于零。转动测微轮，使对经分划吻合，读取A方向水平度盘读数，同样以顺时针方向转动照准部，依次瞄准B、C点读数，为了检查水平度盘在观测过程中有无带动，**最后再一次瞄准A点读数，这称为归零**。

每一次照准要求测微器两次重合读数，将方向读数按观测顺序自上而下记入观测记录手簿(表3-2)。以上称为**上半个测回**。

(3)盘右位置瞄准A点，读取水平度盘的读数，逆时针方向转动照准部，依次瞄准B、C、A点，将方向读数按观测顺序自下而上记入观测记录手簿(表3-2)。以上称为**下半个测回**。

上、**下半测回合称为一个测回**。需要观测多个测回时，各测回间应按$\frac{180°}{n}$变换度盘位置。精密测角时，每个测回照准起始方向时，应改变度盘和测微盘位置的读数，使读数均匀分布在整个度盘和测微盘上。安置方法：照准目标后，用测微轮安置分、秒数，转动拨盘手轮安置整度及整 10 分的数，然后将拨盘手轮弹起即可。如使用 DJ2 型仪器时，各测回起始方向的安置读数按下式计算：

$$R=\frac{180^{\circ}}{n}(i-1)+10'(i-1)+\frac{600''}{n}\left(i-\frac{1}{2}\right) \tag{3-4}$$

式中 n——总测回数；

i——该测回序数。

(二)计算方法与步骤

(1)半测回归零差的计算。每半测回零方向有两个读数，它们的差值称为归零差。表 3-2 中第一测回的上、下半测回归零差分别为盘左 12″−06″＝＋6″，盘右 18″−24″＝−06″。

(2)计算一个测回各方向的平均读数。平均值＝[盘左读数＋(盘右读数±180°)]/2。例如：B 方向平均读数＝1/2×[69°20′30″＋(249°20′24″−180°)]＝69°20′27″，填入第 6 栏。

(3)计算起始方向值。第 7 栏两个 A 方向的平均值为 1/2(00°01′15″＋00°01′13″)＝00°00′14″，填写在第 8 栏。

(4)计算归零后方向值。将各方向平均值分别减去零方向平均值，即得各方向归零方向值。注意：零方向观测两次，应对平均值再取平均值。例如：B 方向归零向值＝69°20′27″−00°01′14″＝69°19′13″。

表 3-2　水平角观测记录(方向观测法)

测站	测回数	目标	水平度盘读数 盘左 /(° ′ ″)	水平度盘读数 盘右 /(° ′ ″)	平均读数 /(″)	方向值 /(° ′ ″)	归零方向值 /(° ′ ″)	角值 /(° ′ ″)
1	2	3	4	5	6	7	8	9
M	1	A	00 01 06	180 01 24	00 01 15	00 01 14	00 00 00	69 19 13
		B	69 20 30	249 20 24	69 20 27		69 19 13	55 31 00
		C	124 51 24	304 51 30	124 51 27		124 50 13	
		A	00 01 12	180 01 14	00 01 13			

任务五　竖直角观测方法

一、竖直角观测原理

1. 竖直角的概念

竖直角是指某一方向与其在同一铅垂面内的水平线所夹的角度。由图 3-12 可知，同一铅垂面上，空间方向线 AB 和水平线所夹的角 α 就是 AB 方向与水平线的竖直角，若方向线在水平线之上，竖直角为仰角，用“$+\alpha$”表示，若方向线在水平线之下，竖直角为俯角，用“$-\alpha$”表示。其角值范围为$-90°\sim90°$。

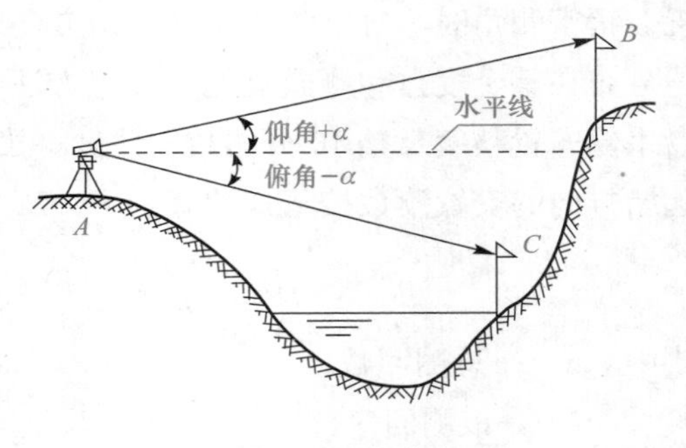

图 3-12　竖直角

2. 竖直角观测原理

在望远镜横轴的一端竖直设置一个刻度盘(竖直度盘)，竖直度盘中心与望远镜横轴中心重合，度盘平面与横轴轴线垂直，视线水平时指标线为一固定读数，当望远镜瞄准目标时，竖直度盘随着转动，则望远镜照准目标的方向线读数与水平方向上的固定读数之差为竖直角。

根据上述测量水平角和竖直角的要求设计制造的测角仪器称为经纬仪。

二、竖直度盘的构造

竖直度盘固定安装在望远镜旋转轴(横轴)的一端，其刻划中心与横轴的旋转中心重合，所以在望远镜作竖直方向旋转时，竖直度盘也随之转动。分微尺的零分划线作为读数指标线相对于转动的竖直度盘是固定不动的。根据竖直角的测量原理，竖直角 α 是视线读数与水平线读数之差，水平线读数是固定数值，所以当竖直度盘转动在不同位置时用读数指标读取视线读数，就可以计算出竖直角。

竖直度盘的刻划有全圆顺时针和全圆逆时针两种。图 3-13 所示为盘左位置，图 3-13(a)所示为全圆逆时针方向注字，图 3-13(b)所示为全圆顺时针方向注字。当视线水平时指标线所指的盘左读数为 90°，盘右读数为 270°，对于竖直度盘指标的要求是，始终能够读出与竖直度盘刻划中心在同一铅垂线上的竖直度盘读数。为了满足这一个要求，早期的光学经纬仪多采用水准管竖直度盘结构，这种结构将读数指标与竖直度盘水准管固连在一起，转动竖直度盘水准管定平螺旋，使气泡居中，读数指标处于正确位置，可以读数。现代的仪器则采用自动补偿器竖直度盘结构，这种结构是借助一组棱镜的折射作用，自动使读数指标处于正确位置。其也称为自动归零装置，整平和瞄准目标后，能立即读数，因此操作简便，读数准确，速度快。

三、竖直角观测

竖直角观测步骤如下：

(1)安置仪器于测站点 O，对中、整平后，打开竖直度盘自动归零装置；

(2)盘左位置瞄准 A 点，用十字丝横丝照准或相切目标点，读取竖直度盘的读数 L，设为 $48°17'36''$，记入观测记录手簿(表 3-3)，这样就完成了上半个测回的观测；

(3)将望远镜倒镜变成盘右，瞄准 A 点，读取竖直度盘的读数 R，设为 $311°42'48''$，记

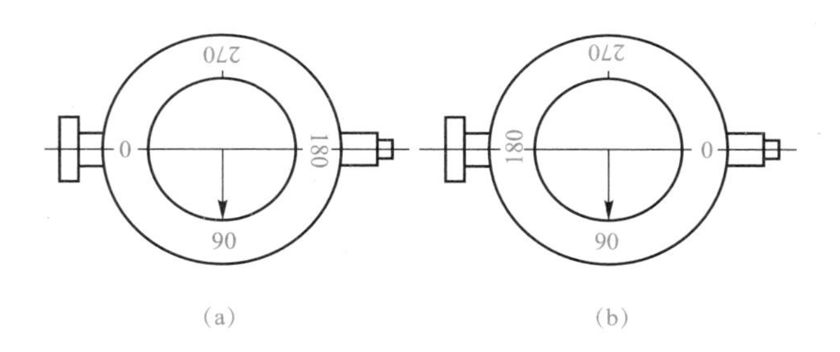

图 3-13　竖直度盘的注记形式

入观测手簿，这样就完成了下半个测回的观测。

上、下半测回合称为一个测回，根据需要进行多个测回的观测。

表 3-3　竖直角观测记录

测站	目标	盘位	竖直度盘读数	半测回竖直角	指标差	一测回竖直角
O	A	左	48°17′36″	41°42′24″	−12″	41°42′36″
		右	311°42′48″	41°42′48″		
	A	左	98°28′40″	−8°28′40″	+13″	−8°28′53″
		右	261°30′54″	−8°29′06″		

四、竖直角的计算

竖直角是指某一方向与其在同一铅垂面内的水平线所夹的角度，则视线方向读数与水平线读数之差即竖直角值。其中水平线读数为一固定值，故只需观测目标方向的竖直度盘读数。度盘的刻划注记形式不同，用不同盘位进行观测，视线水平时读数不相同，因此，竖直角计算应根据不同度盘的刻划注记形式相对应的计算公式计算所测目标的竖直角。下面以顺时针方向注字形式说明竖直角的计算方法及如何确定计算式。

如图 3-14 所示，对于盘左位置，视线水平时读数为 90°。望远镜上仰，视线向上倾斜，指标处读数减小，根据竖直角的定义，仰角为正，则盘左时竖直角计算式为式(3-5)，如果 $L>90°$，竖直角为负值，表示是俯角。

对于盘右位置，视线水平时读数为 270°。望远镜上仰，视线向上倾斜，指标处读数增大，根据竖直角的定义，仰角为正，则盘右时竖直角计算式为式(3-6)，如果 $R<270°$，竖直角为负值，表示是俯角。

$$\alpha_L=90°-L \tag{3-5}$$

$$\alpha_R=R-270° \tag{3-6}$$

式中　L——盘左竖直度盘读数；

　　　R——盘右竖直度盘读数。

为了提高竖直角精度，取盘左、盘右的平均值作为最后结果，见式(3-7)。

$$\alpha=\frac{\alpha_L+\alpha_R}{2}=\frac{1}{2}(R-L-180^\circ) \tag{3-7}$$

同理，可推出全圆逆时针刻划注记的竖直角计算式，见式(3-8)和式(3-9)。

$$\alpha_L=L-90^\circ \tag{3-8}$$

$$\alpha_R=270^\circ-R \tag{3-9}$$

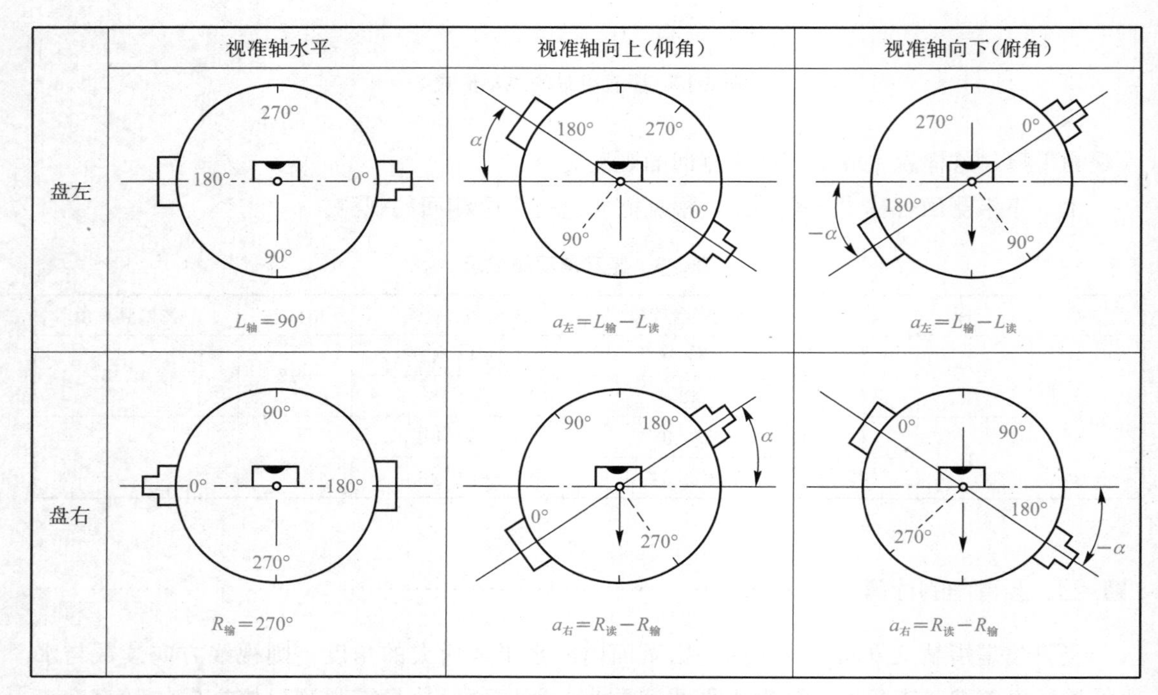

图 3-14　DJ6 光学经纬仪竖直角的计算法则

■ 五、竖直度盘指标差

上述竖直角计算公式是依据竖直度盘的构造和注记特点，即视线水平，竖直度盘自动归零时，竖直度盘指标应指在正确的读数(90°或 270°)上，但若仪器在使用过程中受到振动或者制造不严密，指标位置会偏移，从而导致视线水平时的读数与正确读数有一差值，此差值称为竖直度盘指标差，用 x 表示。由于存在指标差，盘左读数和盘右读数都差了一个 x 值。为了得到正确的竖直角值，应对竖直度盘读数进行指标差改正。由图 3-14 可知，竖直角计算式为式(3-10)和式(3-11)。

盘左竖直角值：

$$\alpha=90^\circ-(L-x)=\alpha_L+x \tag{3-10}$$

盘右竖直角值：

$$\alpha=(R-x)-270^\circ=\alpha_R-x \tag{3-11}$$

将式(3-10)与式(3-11)相加并除以 2 得

$$\alpha=\frac{\alpha_L+\alpha_R}{2}=\frac{L-R+180°}{2} \tag{3-12}$$

对盘左、盘右测得的竖直角取平均值，可以消除指标差的影响。

将式(3-11)与式(3-12)相减得指标差计算公式：

$$x=\frac{\alpha_L-\alpha_R}{2}=\frac{1}{2}(L+R-360°) \tag{3-13}$$

用单盘位观测时，应加指标差改正，以得到正确的竖直角。当指标偏移方向与竖直度盘注记的方向相同时指标差为正；反之为负。

以上各公式是按顺时针方向注字形式推导的，同理可推出逆时针方向注字形式的计算公式。

由上述可知，测量竖直角时，对盘左、盘右观测取平值可以消除指标差对竖直角的影响。同一台仪器的指标差在短时间内理论上为定值，即使受外界条件变化和观测误差的影响，也不会有大的变化，因此在精度要求不高时，先测定 x 值，以后观测时可以用单盘位观测，加指标差改正得到正确的竖直角。

在竖直角测量中，常以指标差检验观测成果的质量，即在观测不同的测回中或不同的目标时，指标差的互差不应超过规定的限制，例如用 DJ6 经纬仪作一般工作时指标差互差不超过 25″。

【例 3-1】 用 DJ6 经纬仪观测一点 A，盘左、盘右测得的竖直度盘读数见表 3-3“竖盘读数”一栏，计算观测点 A 的竖直角和竖直度盘指标差。

【解】 由式(3-5)、式(3-6)得半测回角值：

$$\alpha_L=90°-L=90°-48°17'36''=41°42'24''$$
$$\alpha_R=R-270°=311°42'48''-270°=41°42'48''$$

由式(3-8)得一测回角值：

$$\alpha=\frac{\alpha_L+\alpha_R}{2}=\frac{41°42'24''+41°42'48''}{2}=41°42'36''$$

由式(3-13)得竖直度盘指标差：

$$x=\frac{\alpha_L-\alpha_R}{2}=\frac{41°42'24''-41°42'48''}{2}=-12''$$

一般规范规定，指标差变动范围，J6≤25″，J2≤15″。

任务六　经纬仪的检验与校正

一、经纬仪各轴线间应满足的几何关系

经纬仪是根据水平角和竖直角的测角原理制造的，当水准管气泡居中时，仪器旋转轴

竖直、水平度盘水平，则要求水准管轴垂直竖轴。测水平角要求望远镜绕横轴旋转为一个竖直面，这就必须保证视准轴垂直于横轴。另一点保证竖轴竖直时，横轴水平，则要求横轴垂直于竖轴。照准目标使用竖丝，只有横轴水平时竖丝才竖直，则要求十字丝的竖丝垂直于横轴。为使测角达到一定精度，仪器的其他状态也应达到一定标准。综上所述，经纬仪应满足的基本几何关系如图 3-15 所示。

(1)照准部水准管轴垂直于仪器竖轴($LL \perp VV$)。

(2)望远镜视准轴垂直于仪器横轴($CC \perp HH$)。

(3)仪器横轴垂直于仪器竖轴($HH \perp VV$)。

(4)望远镜十字丝竖丝垂直于仪器横轴。

■ 二、经纬仪的检验与校正

(一)照准部水准管轴垂直于仪器竖轴的检校

目的：使水准管轴垂直于竖轴。

检验方法：

(1)调节脚螺旋，使水准管气泡居中。

(2)将照准部旋转 180°，看气泡是否居中，如果仍然居中，说明满足条件，无须校正，否则需要进行校正。

校正方法：

(1)在检验的基础上调节脚螺旋，使气泡向中心移动偏移量的一半。

(2)用拨针拨动水准管一端的校正螺旋，使气泡居中，如图 3-16 所示。

此项检验和校正需反复进行，直到气泡在任何方向偏离值在 1/2 格以内。另外，经纬仪上若有圆水准器，也应对其进行检校，当水准管校正完善并对仪器精确整平后，圆水准器的气泡也应该居中，如果不居中，应拨动其校正螺丝使其居中。

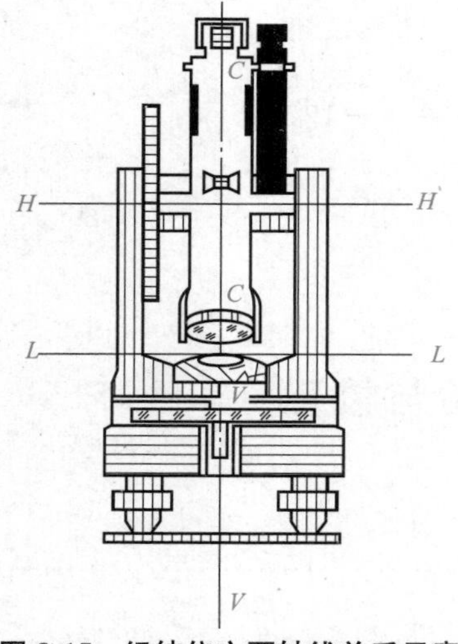

图 3-15 经纬仪主要轴线关系示意

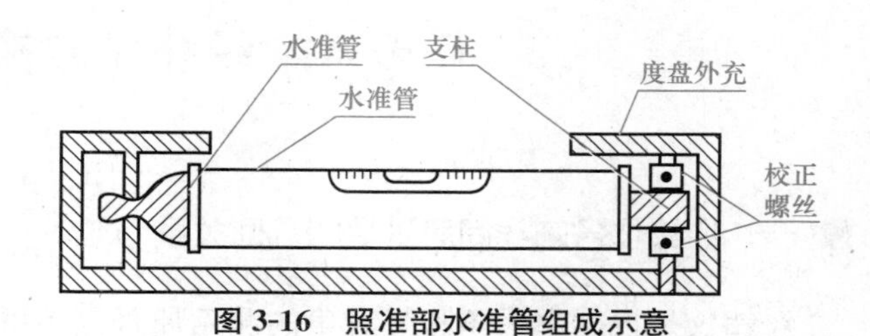

图 3-16 照准部水准管组成示意

(二)十字丝的检验和校正

目的：使十字丝的竖丝垂直于横轴。

检验方法：

(1)精确整平仪器，用竖丝的一端瞄准一个固定点，旋紧水平制动螺旋和望远镜制动螺旋。

(2)转动望远镜微动螺旋，观察“·”点，看其是否始终在竖丝上移动，若其始终在竖丝上移动，说明满足条件，否则需要进行校正。

校正方法：

(1)拧下目镜前面的十字丝的护盖，松开十字丝环的压环螺丝(图 3-17)。

(2)转动十字丝环，使竖丝到达竖直位置，然后将松开的螺丝拧紧。此项检验校正工作需反复进行。

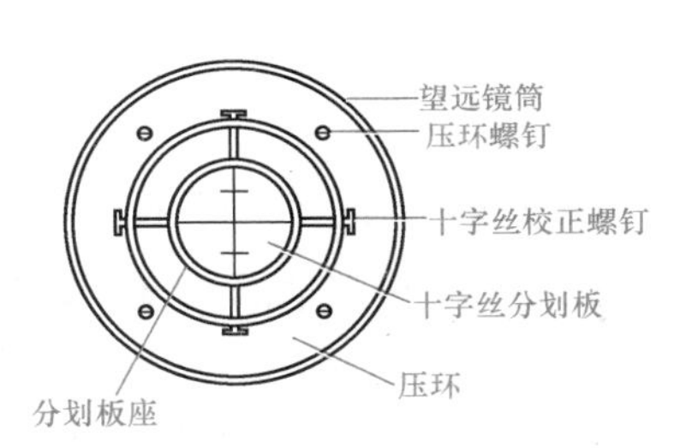

图 3-17　十字丝的竖丝垂直于横轴的校正

(三)视准轴垂直于仪器横轴的检校

目的：使视准轴垂直于仪器横轴，若视准轴不垂直于横轴，则偏差角为 C，称之为视准轴误差。视准轴误差的检验与校正方法，通常有度盘读数法和标尺法两种。

1. 度盘读数法

检验方法：

(1)安置仪器，盘左瞄准远处与仪器大致同高的一点 A，读水平度盘读数为 b_1。

(2)倒转望远镜，盘右再瞄准 A 点，读水平度盘读数为 b_2。

(3)若 $b_1-b_2=\pm180°$，则满足条件，无须校正，否则需要进行校正。

校正方法：

(1)转动水平微动螺旋，使度盘读数对准正确的读数。

$$b=\frac{1}{2}[b_1+(b_2\pm180°)] \tag{3-14}$$

(2)用拨针拨动十字丝环的左、右校正螺丝，使十字丝的竖丝瞄准 A 点。上述方法简便，在任何场地都可以进行，但对于单指标读数 DJ6 经纬仪，仅在水平度盘无偏心或偏心差影响小于估读误差时才有效，否则将得不到正确结果。

2. 标尺法

(1)检验方法：在平坦地面上选择一条直线 AB，为 60～100 m，在 AB 中点 O 架设仪器，并在 B 点垂直横置一小尺。用盘左瞄准 A，倒转望远镜，在 B 点小尺上读取 B_1；再用盘右瞄准 A，倒转望远镜，在 B 点小尺上读取 B_2。**当 J6：$2c\geqslant60''$，J2：$2c\geqslant30''$时**，需校正。

$$c''=\frac{B_1B_2}{4OB}\times\rho''$$

(2)校正方法：拨动十字丝的左、右两个校正螺丝，使十字丝的交点由 B_2 点移至 BB_2 的中点 B_3，如图 3-18 所示。

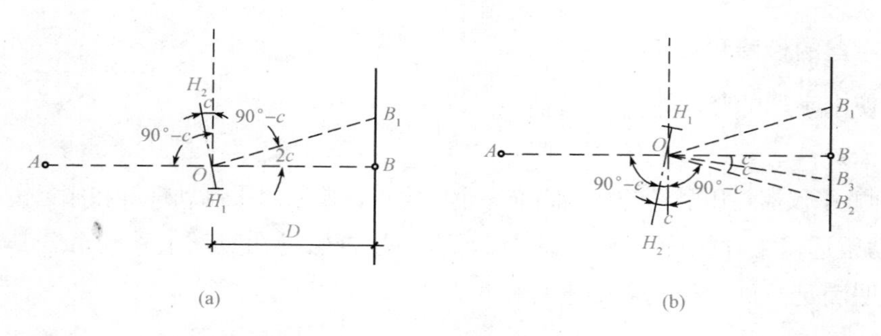

图 3-18　视准轴垂直于横轴的检校

(a)盘左；(b)盘右

(四)横轴垂直于竖轴的检验与校正

横轴垂直于竖轴的检验，如图 3-19 所示。

(1)检验方法：在 20～30 m 处的墙上选一仰角大于 30°的目标点 P，先用盘左瞄准 P 点，放平望远镜，在墙上定出 P_1 点；再用盘右瞄准 P 点，放平望远镜，在墙上定出 P_2 点。

$$i''=\frac{P_1P_2}{2D\cdot\tan\alpha}\cdot\rho''$$

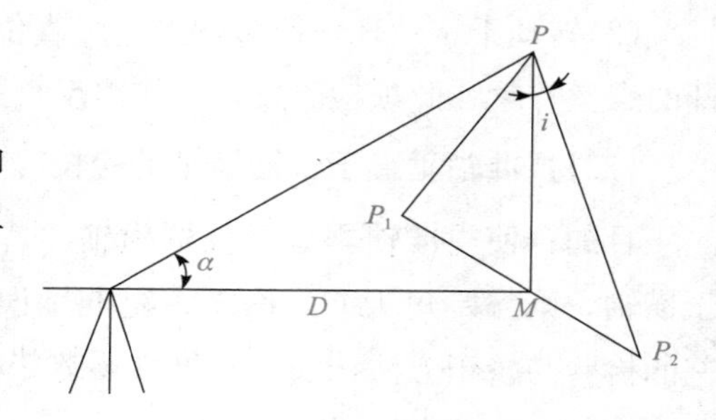

图 3-19　横轴垂直于竖轴的检验

J6：$i>20''$时，需校正。

(2)校正方法：用十字丝的交点瞄准 P_1P_2 的中点 M，抬高望远镜，并打开横轴一端的护盖，调整支承横轴的偏心轴环，抬高或降低横轴一端，直至交点瞄准 P 点。此项校正一般由仪器检修人员进行。

(五)竖直度盘指标差的检验和校正

目的：使竖直度盘指标处于正确位置。

检验方法：

(1)仪器整平后，盘左瞄准 A 目标，读取竖直度盘读数为 L，并计算竖直角 α_L。

(2)盘右瞄准 A 目标，读取竖直度盘读数为 R，并计算竖直角 α_R。

如果 $\alpha_L=\alpha_R$，不需校正，否则需要进行校正。由于现在的经纬仪都具有自动归零补偿器，此项校正应由仪器检修人员进行。

(六)光学对中器的检验和校正

目的：使光学对中器的视准轴与仪器的竖轴中心线重合。

检验方法：

(1)严格整平仪器，在脚架的中央地面上放置一张白纸，在白纸上画一"十"字形标志 α_1。

(2)移动白纸，使对中器视场中的小圆圈对准标志。

(3)将照准部在水平方向转动 180°。

如果小圆圈中心仍对准标志，说明满足条件，不需校正；如果小圆圈中心偏离标志，而得到另一点 α_2，则说明不满足条件，需要进行校正。

校正方法：定出 α_1、α_2 两点的中点 α，用拨针拨对中器的校正螺丝，使小圆圈中心对准 α 点，这项校正一般由仪器检修人员进行。

必须注意，这六项检验与校正的顺序不能颠倒，而且水准管轴垂直于竖轴是其他几项检验与校正的基础，这一条件若不满足，其他几项的检校就不能进行。竖轴倾斜所引起的测角误差，不能用盘左、盘右观测加以消除，所以这项检校工作必须认真进行。

任务七　现代测量仪器的应用

电子经纬仪与光学经纬仪的根本区别在于电子经纬仪用微机控制的电子测角系统代替了光学读数系统。其主要特点如下：

(1)使用电子测角系统，能将测量结果自动显示出来，实现了读数的自动化和数字化。

(2)采用积木式结构，可与光电测距仪组合成全站型电子速测仪，配合适当的接口，可将电子手簿记录的数据输入计算机，实现数据处理和绘图自动化。

■ 一、电子测角原理简介

电子测角仍然采用度盘来进行。与光学测角不同的是，电子测角是从特殊格式的度盘上取得电信号，再将电信号转换成角度，并且自动以数字形式输出，显示在电子显示屏上，并记录在储存器中。电子测角度盘根据取得电信号的方式不同，可分为光栅度盘、编码度盘和电栅度盘等。

■ 二、电子经纬仪的性能简介

电子经纬仪采用光栅度盘测角，水平、垂直角度显示读数分辨率为 1″，测角精度达 2″。

DJD2 装有倾斜传感器，当仪器竖轴倾斜时，仪器会自动测出并显示其数值，同时显示对水平角和垂直角的自动校正。仪器的自动补偿范围为±3′。

■ 三、电子经纬仪的使用

使用 DJD2 电子经纬仪时，首先要在测站点上安置仪器，在目标点上安置反射棱镜，然后瞄准目标，最后在操作键盘上按测角键，显示屏上即显示角度值。其对中、整平以及瞄准目标的操作方法与光学经纬仪一样，键盘操作方法见使用说明书即可，在此不再详述。

任务八　操作技能训练

一、经纬仪的认识与使用

1. 目的要求

(1)了解 DJ6 经纬仪的基本构造及主要部件的名称及作用。

(2)掌握经纬仪对中、整平、瞄准及读数的方法。

(3)要求对中误差小于 3 mm，整平误差小于 2 格。

2. 仪器用具

经纬仪 1 台、测钎 2 支、记录板 1 块、伞 1 把。

3. 方法和步骤

(1)准备工作。熟悉仪器的装卸，了解仪器的构造及各种螺旋的作用。

(2)经纬仪的安置。

1)对中。张开三脚架，在连接螺旋的中心钩上挂上铁锤，平移三脚架，使线锤尖大致对准测站点，并保持三脚架头大致水平，踩紧三脚架腿。从仪器箱中取出经纬仪，双手放到三脚架头上，一手握仪器支架，另一手旋上连接螺旋(稍松)，在架头上平移仪器，使线锤尖精确对准地面标志中心，最后旋紧连接螺旋。

2)整平。转动照准部，使水准管与一对脚螺旋平行，转动这对脚螺旋，使气泡居中；将照准部旋转 90°，旋转另一脚螺旋，使气泡居中。以上步骤反复 1～2 次，使照准部转到任何位置时水准管气泡的偏离不超过 1～2 格。

(3)瞄准目标。

1)松开望远镜和照准部制动螺旋，将望远镜对向明亮背景，调节目镜调焦螺旋，使十字丝清晰。

2)转动照准部，用望远镜上的瞄准器对准目标，旋紧望远镜制动螺旋和照准部制动螺旋。

3)转动物镜对光螺旋，使目标影像清晰，再转动望远镜微动螺旋，使目标影像的高低适中，最后转动照准部微动螺旋，使目标影像被十字丝的单根竖丝平分，或被双根竖丝夹在中央，做到精确瞄准。

4)眼睛在望远镜目镜处，微微左、右移动，检查有无视差，如有，再转动物镜对光螺旋予以消除。

(4)读数。

1)调节反光镜的位置，使读数窗亮度适当。

2)旋转读数显微镜的目镜对光螺旋，使度盘分划影像清晰，区分两个读数窗口，标明水平(或 H)的为水平度盘读数窗，标明竖直(或 V)的为竖直度盘读数窗。

3)读数位于分微尺上的度盘刻划线所注的度数，从分微尺上读取该划线所在位置的分划数，估读至 $0.1'$。

(5)其他练习。

1)对盘左、盘右进行观测的练习。松开望远镜制动螺旋，倒转望远镜，从盘左转为盘右(或相反)，进行瞄准目标和读数的练习。

2)改变水平度盘位置的练习。先转动照准部瞄准某一目标，再按下度盘变换手轮下的保险手柄，将手轮推压进去并转动，将水平度盘转到 $0°00'00''$读数位置上，然后将手松开，手轮退出，把保险手柄倒回。

4. 注意事项

(1)经纬仪对中时，应使三脚架架头大致水平，否则会导致仪器整平困难。

(2)经纬仪整平时，应检查各个方向水平度盘水准管气泡是否居中，其偏差应在规定范围内。

(3)用望远镜瞄准目标时，必须消除视差。

(4)用分微尺进行度盘读数时，可估读至 $0.1'$，估读必须准确。

5. 应交成果

应交成果见表 3-4。

表 3-4　水平度盘读数练习

组别：　　　　　　　仪器号码：　　　　　　　天气：　　　　　　　年　月　日

测站	目标	竖盘位置	水平度盘读数 /(°　′　″)	备注

二、用测回法进行水平角观测

1. 目的要求

(1)掌握用测回法测量水平角的方法，记录并计算。

(2)每人对同一角度观测一测回，上、下两半测回角值之差小于±40″。

2. 仪器用具

DJ6 经纬仪 1 台、测钎 2 支、记录板 1 块、伞 1 把。

3. 方法和步骤

(1)选择一测站点 O 安置仪器(对中、整平)，再选定 A、B 两个目标点。

(2)对于盘左，瞄准左手方向的目标 A，读取水平度盘读数 a_1，记入观测手簿相应栏内；然后松开照准部制动螺旋，顺时针方向转动照准部，瞄准右手方向目标 B，读取水平度盘读数 b_1 并记录；计算上半测回水平角值 $\beta_{左}$。

$$\beta_{左}=b_1-a_1$$

(3)对于盘右，瞄准目标 B，读取水平度盘读数 b_2 并记录；然后松开照准部制动螺旋，逆时针方向转动照准部，瞄准目标 A，读取水平度盘读数 a_2 并记录；计算下半测回水平角值 $\beta_{右}$。

$$\beta_{右}=b_2-a_2$$

(4)如上、下两半测回水平角值之差不大于±40″，计算一测回水平角值 β。

$$\beta=\frac{1}{2}(\beta_{左}+\beta_{右})$$

4. 注意事项

(1)经纬仪对中误差不超过 3 mm。

(2)一起整平后，在测角过程中，水准管的气泡偏歪不应超过 2 格。

(3)目标不能瞄错，并应尽量瞄准目标底部。

(4)$\beta_{左}$ 与 $\beta_{右}$ 的差值不大于±40″时，才能取平均值，否则重测。

5. 应交成果

应交成果见表 3-5。

表 3-5　水平角观测练习

组别：　　　　　　　　仪器号码：　　　　　　　　天气：　　　　　　年　月　日

测站	竖盘位置	目标	水平度盘读数 /(°　′　″)	半测回水平角值 /(°　′　″)	一测回水平角值 /(°　′　″)	各测回平均水平角值 /(°　′　″)

三、竖直角观测

1. 目的要求

(1)了解经纬仪竖直度盘的构造、注记形式。

(2)掌握竖直角观测、记录及计算的方法。

2. 仪器用具

DJ_6 经纬仪 1 台、记录板 1 块、伞 1 把。

3. 方法和步骤

(1)在测站点 O 上安置经纬仪，进行对中、整平，选定某一明显标志作为目标点 A。

(2)转动望远镜，从读数镜中观察竖直度盘读数的变化，确定竖直度盘的注记形式，并在记录表中写出竖直角及指标差的计算公式。

(3)对于盘左，瞄准目标 A(用十字丝的横丝切于目标顶端)，转动竖盘指标水准管微动螺旋，使竖盘指标水准管气泡居中，读取竖盘读数 L，记入观测手簿，并计算盘左竖直角值 $\alpha_{左}$。

(4)对于盘右，用同样的法观测目标 A，读取竖盘读数 R，记录并计算盘右竖直角值 $\alpha_{右}$。

(5)计算指标差及一测回竖直角 α：

$$x=1/2(\alpha_{左}-\alpha_{右})$$

$$\alpha=1/2(\alpha_{左}+\alpha_{右})$$

4. 注意事项

(1)对于具有竖直度盘指标水准管的经纬仪，每次竖直度盘读数前，必须使竖直度盘指标水准管气泡居中。

(2)观测竖直角时，应以十字丝的横丝切准目标。

(3)计算竖直角和指标差时，应注意正、负号。

5. 应交成果

应交成果见表 3-6。

表 3-6　竖直角观测练习

组别：　　　　　　仪器号码：　　　　　　天气：　　　　　　年　　月　　日

测站	目标	竖盘位置	竖直盘度读数 /(°　′　″)	半测回竖直角 /(°　′　″)	指标差 /(″)	一测回竖直角 /(°　′　″)	备注

四、测设已知水平角

水平角测设是根据地面上已有的一个点和从该出发点的已知方向，按设计的已知水平角值，在地面上标定另一个方向。水平角测设的仪器工具主要是经纬仪，也可以使用全站仪。下面介绍用经纬仪测设水平角的方法，具体有三种情况：按顺时针方向测设、按逆时针方向测设、按方位角测试。

1. 按顺时针方向测设

测设前，首先应弄清楚测设的水平角数据，即设计的水平角数据 α，然后弄清楚测设角的顶点和已知方向(图 3-20)。

(1)在 A 点安置经纬仪，对中，整平。

(2)在盘左状态下瞄准 B 点，调整水平度盘手轮，使读数为 0°00′00″(图 3-21)。

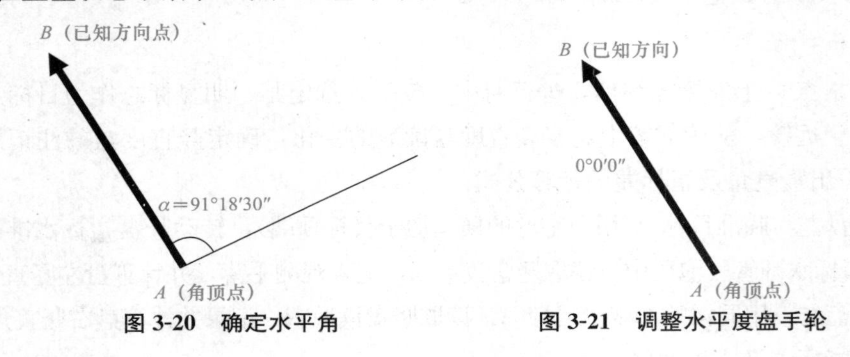

图 3-20　确定水平角　　图 3-21　调整水平度盘手轮

(3)旋转照准部，当水平度盘读数为 91°18′30″时，固定照准部，在此方向上合适的位置定出 P_1 点(图 3-22)。

(4)倒转望远镜成盘右状态，用同样的方法测设水平角，定出 P_2 点(图 3-23)。

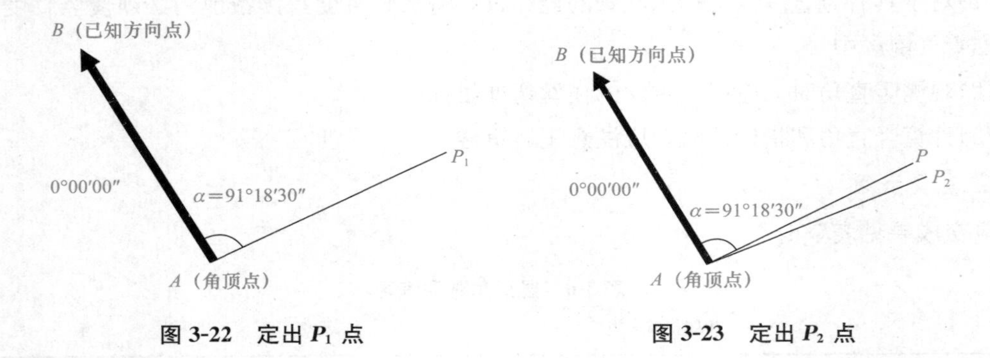

图 3-22　定出 P_1 点　　图 3-23　定出 P_2 点

(5)取 P_1 和 P_2 连线的中点为 P 点，则∠BAP 就是要测设的水平角。采用盘左和盘右两种状态进行水平角测设并取其中点，可以校核所测设的角度是否有误，同时可以消除经纬仪与横轴不垂直，以及横轴与竖轴不垂直等仪器误差所引起的水平角测设误差，提高测设精度(图 3-24)。

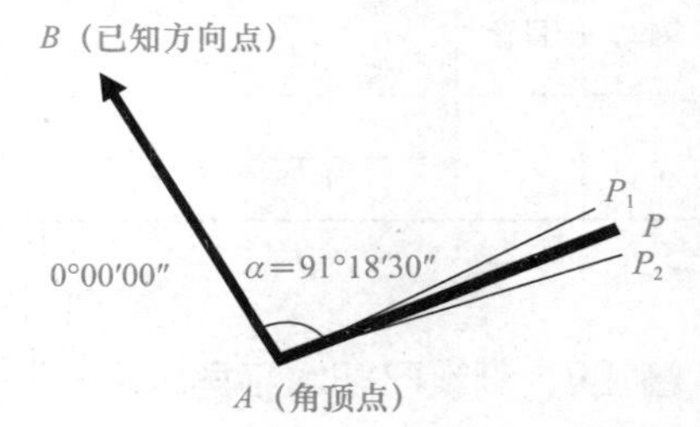

图 3-24　得到水平角

2. 按逆时针方向测设

如果水平角是负值，如－91°18′30″，可以按逆时针方向测设水平角 91°18′30″。为了减少计算工作量和操作方便，可在照准已知方向点时，将水平度盘读数配置为所要测设的角值 91°18′30″，然后旋转照准部，在水平度盘读数为 0°00′00″时固定照准部，在此方向上定点。

(1)在 A 点安置经纬仪，对中，整平。

(2)在盘左状态下瞄准 B 点，调整水平度盘手轮，使读数为 91°18′30″(图 3-25)。

(3)旋转照准部，当水平度盘读数为 91°18′30″时，固定照准部，在此方向上合适的位置定出 P_1 点。如要校核和提高精度，可用在盘右状态下再测设一次然后取中(图 3-26)。

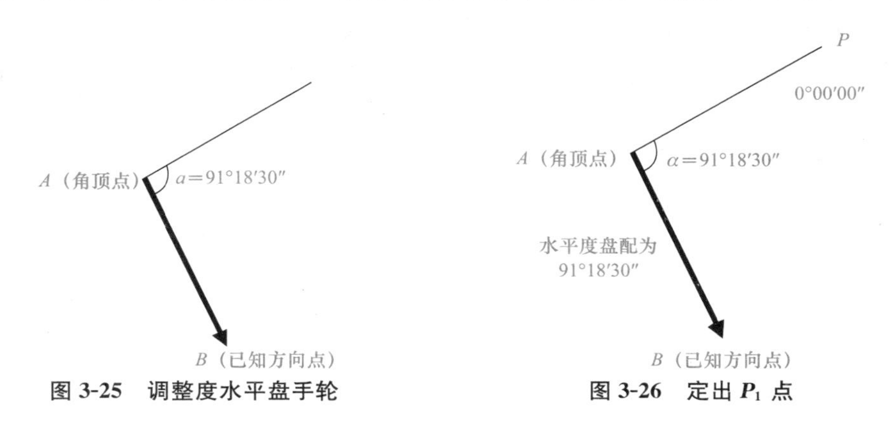

图 3-25　调整度水平盘手轮　　**图 3-26　定出 P_1 点**

3. 按方位角测设

在实际工作中，可能已知起始边和测设边的方位角(如根据两点坐标计算方位角)，则测设时不必计算其所夹的水平角，而直接测设方位角，方法如下：

(1)在 A 点安置经纬仪，对中，整平(图 3-27)。

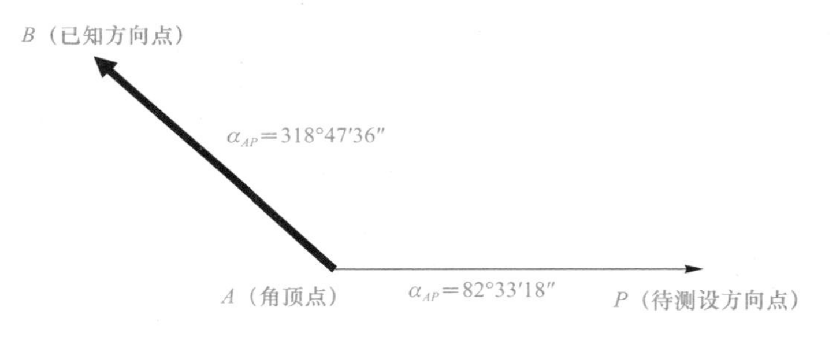

图 3-27　定出经纬仪安置点

(2)在盘左状态下瞄准 B 点，调整水平度盘手轮，使读数为 318°47′36″。

(3)旋转照准部，当水平度盘读数为 82°33′18″时，固定照准部，在此方向上合适的位置定出 P_1 点。

思考题与练习

1. 何谓水平角？水平角的取值范围为多少？

2. DJ6 光学经纬仪由哪几部分组成？经纬仪的制动螺旋和微动螺旋各有何作用？如何正确使用微动螺旋？

3. 经纬仪安置包括哪两个内容？其目的何在？简述操作方法。

4. 整理用测回法观测水平角的记录(表 3-7)。

5. 何谓竖直角？竖直角的取值范围为多少？

6. 整理竖直角观测记录(表3-8)。

7. 经纬仪有哪些主要轴线？各轴线间应满足什么条件？

8. 水平角测量的主要误差有哪些？在观测过程中如何消除或削弱这些误差的影响？

表3-7　水平角观测手簿(测回法)

测站	竖直度盘位置	目标	水平度盘读数/(° ′ ″)	半测回水平角值/(° ′ ″)	一测回水平角值/(° ′ ″)	各测回平均水平角值/(° ′ ″)	备注
第一测回 O	左	A	00 10 25				
		B	36 42 36				
	右	A	180 10 36				
		B	216 42 54				
第二测回 O	左	A	90 12 14				
		B	126 44 22				
	右	A	270 12 18				
		B	306 44 32				

表3-8　竖直角观测手簿

测站	目标	竖直度盘位置	竖直度盘读数/(° ′ ″)	半测回竖直角/(° ′ ″)	指标差/(° ′ ″)	一测回竖直角/(° ′ ″)	备注
O	A	左	86 47 48				竖直度盘为顺时针注记
		右	273 11 54				
	B	左	97 25 42				
		右	262 33 54				

项目四　距离测量

学习重点

(1)钢尺量距方法。

(2)直线定线。

(3)视距测量方法。

(4)直线定向。

技能目标

(1)学会丈量距离的方法。

(2)学会直线定线的方法。

(3)学会视距测量的方法。

应用能力

能用经纬仪和钢尺进行精密量距。

案例导入

现有一综合办税服务楼工程项目，现场平面布置如图 4-1 所示。

其场区围栏和临时设施搭建前必须根据施工设计确定相应地面点的实际距离，这些距离应用什么方法、什么仪器工具实现？如何保证其精度？通过本项目内容的学习，同学们将能具有解决这些问题的能力。

岗位角色目标

直接角色：测量工程师、测量员。

间接角色：质量检查员、施工员等。

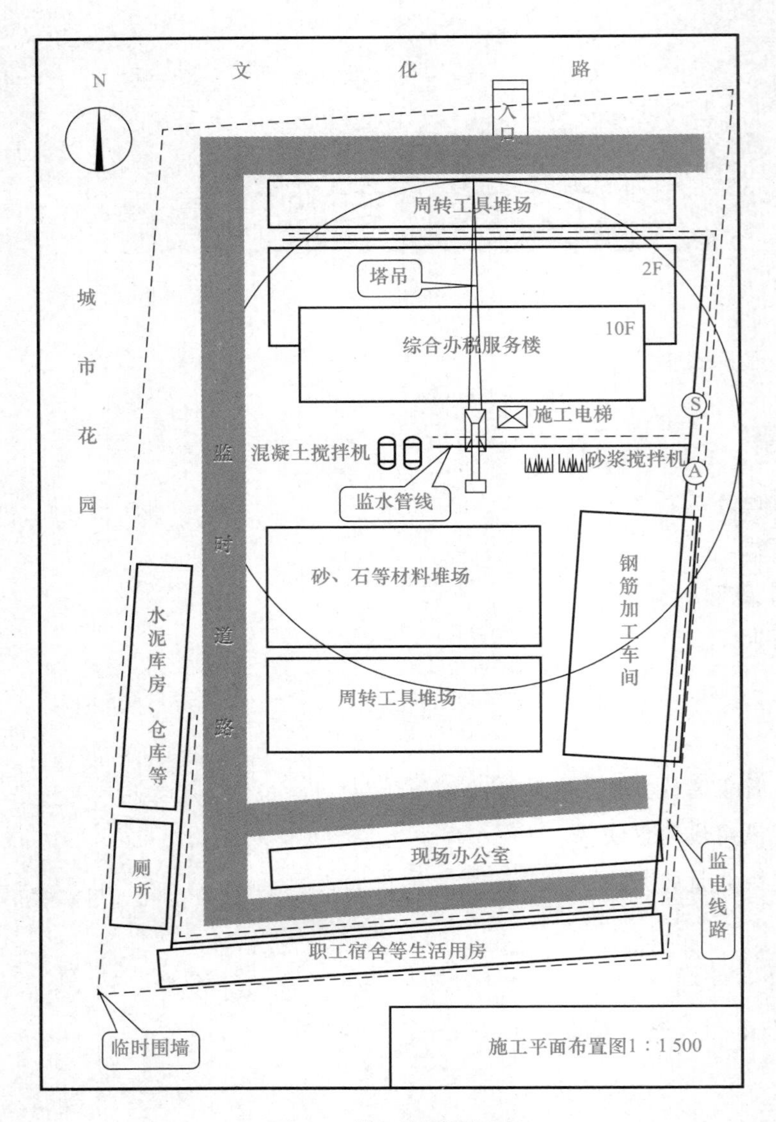

图 4-1 某工程平面示意

距离测量就是测量地面上两点之间的水平距离，常用的方法有：钢尺量距、视距法测距和电磁波测距。

任务一 钢尺量距

钢尺量距是用钢卷尺沿地面直接丈量两地面点间的距离。钢尺量距简单、经济实惠，但工作量大，受地形条件限制，适合平坦地区的距离测量。

一、量距工具

钢尺量距采用的工具主要有钢尺、标杆、测钎、垂球、温度计、弹簧秤等。

钢尺又称为钢卷尺，是由薄钢制作而成的带状尺。尺的宽度为 10～15 mm，厚度为 0.4 mm，长度通常有 20 m、30 m 和 50 m 等几种规格，尺可卷放在圆盘形尺盒内或卷放在尺架上，如图 4-2 所示。钢尺的刻划一般以厘米(cm)为基本单位，在分米和米位上注有数字，但也存在以毫米为基本单位的。在实际操作中，根据精度要求选用。

图 4-2 钢卷尺

按钢尺零点位置的不同，将钢尺分为端点尺和刻线尺两种，如图 4-3 所示。端点尺是以钢尺的最外端作为尺的零点，便于从墙根处量距。刻线尺是以尺的端部某一位置刻线作为尺的零点，精度相对而言较高。钢尺由于不易变形，抗拉强度高，故常用于精度要求较高的距离测量中。

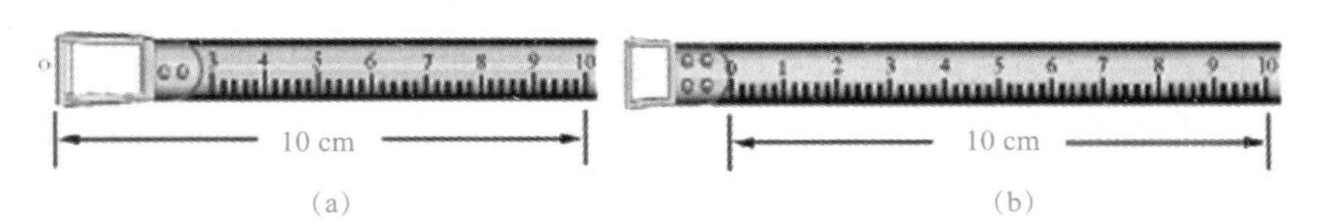

图 4-3 端点尺和刻线尺

标杆，又称为花杆，一般采用木质圆杆，其上每隔 20 cm 涂有红白相间的油漆。为便于对点，端部装有圆锥形铁脚，如图 4-4(a)所示。杆长一般有 2 m、2.5 m、3 m 等几种。标杆主要用于标点或直线定线。

测钎一般采用直径为 5 mm 的细钢筋制作而成，其上涂有红白相间的油漆，如图 4-4(b)所示。为了便于携带，将测钎端部做成圆环。一般 6 根或 11 根为一组，套在一个圆环上。测钎主要用来标定尺段点的位置和计算丈量的尺段数。

垂球为一上端系有细绳的呈倒圆锥形的金属锤，如图 4-4(c)所示。在测量工作中其主要用于投影对准地面点或检验物体是否铅垂竖立。因垂球易受风力影响，现多用垂直杆代替垂球。

温度计[图 4-4(d)]通常用水银温度计，使用时应在钢尺邻近测定温度。弹簧秤[图 4-4(e)]主要用来在进行精密量距时检查钢尺的拉力。

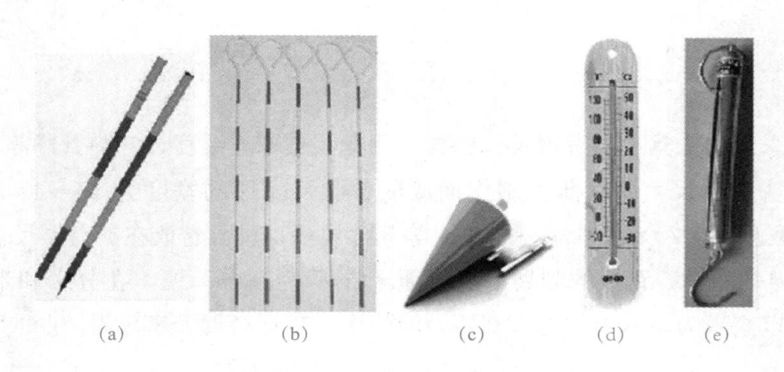

图 4-4　量距工具

(a)标杆；(b)测钎；(c)垂球；(d)温度计；(e)弹簧秤

二、直线定线

直线定线是指在地面上两端点间定出若干个点，这些点与所需测的两端点在同一直线上，作为钢尺量距的依据。根据精度要求的不同，直线定线可分为目估定线和经纬仪定线两种。目估定线用于钢尺量距的一般方法；经纬仪定线用于钢尺量距的精密方法。

1. 目估定线

如图 4-5 所示，现要测定 A、B 间的距离，可先在 A、B 两点分别竖立标杆，测量员甲站在 A 点标杆后 1～2 m 处，由 A 瞄向 B，同时指挥持标杆的测量员乙左、右移动标杆，使所持标杆与 A、B 标杆完全重合，此时立标杆的点就在 A、B 两点间的直线上，在此位置上竖立标杆或插上测钎，作为定点标志点 a。用同样的方法可定出直线上的点 b 等其他标志点。

注意采用目估定线时相邻点之间要小于或等于一个整尺段，以便量距。目估定线一般按由远而近的顺序进行，以减小误差。

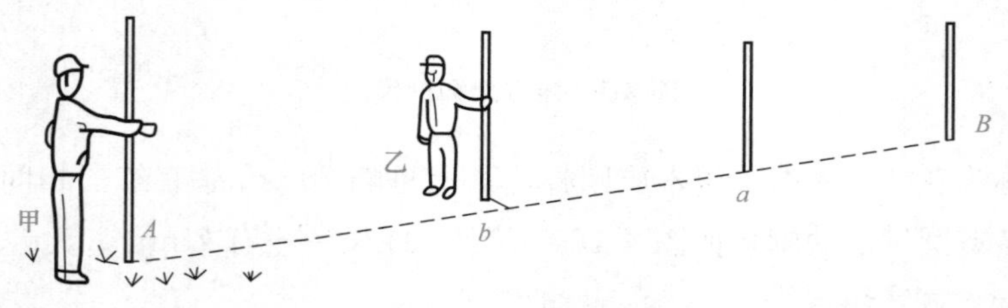

图 4-5　目估定线

2. 经纬仪定线

如图 4-6 所示，现要测定 A、B 间的距离，将经纬仪置于距离测量起点 A，用望远镜十字丝的竖丝瞄准终点 B，固定水平制动螺旋不动，将竖直制动螺旋打开，仪器可在竖直面内移动，观测员指挥另一测量员持测钎由远及近，按各点相距大约一整尺长的距离，指挥立尺者将测钎放置在直线上，以此类推，将各定线点标注于地面上。也可采用打木桩的方式定点，之后在木桩顶标注“十”字，定出点的准确位置。

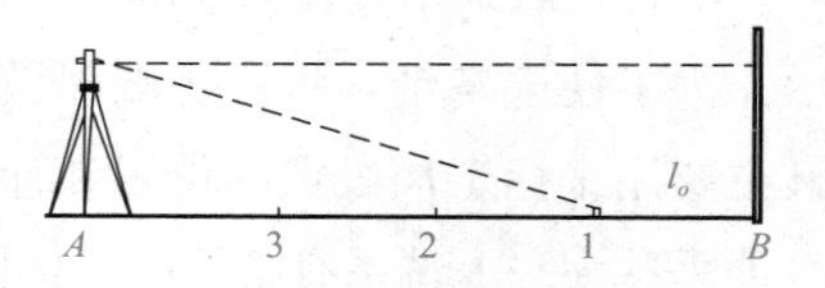

图 4-6　经纬仪定线

三、钢尺量距的一般方法

钢尺量距按照地形的不同可分为平坦地面的量距和倾斜地面的量距。对于不同的地形采用的量距方法有所不同，下面一一叙述。

(一)平坦地面的量距方法

如图 4-7 所示，现要量取 A、B 两点间的水平距离。具体方法如下：

(1)在 A、B 处竖立标杆，作为直线定线的依据，之后采取目估定线的方法，确定直线的位置。

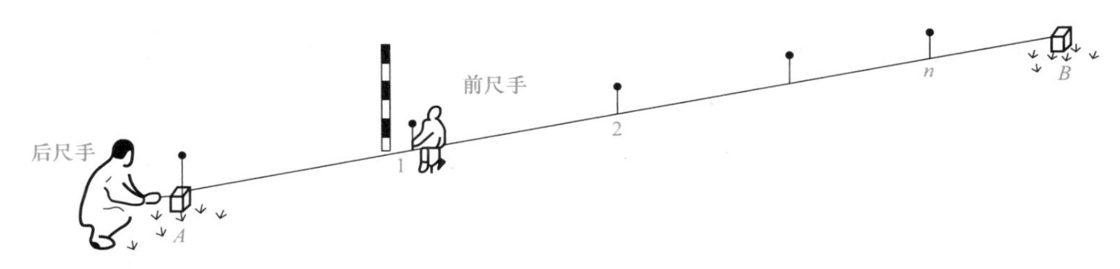

图 4-7 平坦地面的量距方法

(2)开始量距时，后尺手持钢尺零端对准地面标志点 A，前尺手拿一组测钎持钢尺末端，丈量时后尺手沿定线方向拉紧、拉平钢尺。前尺手在尺末端分划处垂直插下一个测钎，得到点 1 的位置，这样就量定一个尺段。

(3)前、后尺手同时将钢尺抬起前进。后尺手走到第一根测钎处，用零端对准测钎，前尺手拉紧钢尺在整尺段处插下第二根测钎。依此继续丈量。每量完一尺段，后尺手要注意收回测钎。最后一尺段不足一整尺时，前尺手在 B 点标志处读取刻划值。后尺手手中测钎数为整尺段数。不足一个整尺段的余长为 q，则水平距离 D 可按下式计算：

$$D_{AB}=nL+q \tag{4-1}$$

式中 n——整尺段数；

L——钢尺长度(m)；

q——不足一整尺的余长(m)。

(4)为了检核量距数据和提高精度，一般采用往返测量的方式进行量距，从 A 到 B 称为往测，从 B 到 A 称为返测。返测时需要重新定线，以减小定线误差。根据测得的往返水平距离，计算 AB 的水平距离 D 和**相对误差 K**。

AB 水平距离：

$$D_{平}=\frac{D_{往}+D_{返}}{2} \tag{4-2}$$

相对误差：

$$K=\frac{|D_{往}-D_{返}|}{D_{平}}=\frac{\Delta D}{D}=\frac{1}{M} \tag{4-3}$$

相对误差是衡量距离测量精度的重要指标之一，分数值越大，说明精度越高。根据规范，在平坦地面，**钢尺量距的相对误差一般不应大于 1/3 000**，在量距困难地区，其相对误差不应大于 1/1 000。**当量距的相对误差没有超过规定时，可取往返测量的平均值作为最终**

的水平距离。

【例 4-1】 A、B 两点的往测距离为 154.146 m，返测距离为 154.173 m，计算 A、B 两点间的水平距离 D 和相对误差 K。

【解】

$$D_{平}=\frac{D_{往}+D_{返}}{2}=\frac{154.146+154.173}{2}=154.160(\text{m})$$

$$K=\frac{|D_{往}-D_{返}|}{D_{平}}=\frac{|154.146-154.173|}{154.160}=\frac{1}{5\ 710}<\frac{1}{3\ 000}$$

精度符合要求，A、B 两点间的水平距离为 154.160 m。

(二)倾斜地面的量距方法

当地面高低起伏不平时，根据地面的倾斜情况和精度要求，可采用的丈量方法有平量法和斜量法两种。

1. 平量法

如果地面起伏不平，而尺段两端高差又不大时，如图 4-8 所示，可以采用分段丈量的方式进行量取。在丈量时使钢尺处于水平状态，用垂球对准点位，分段量取，最后相加得水平距离。具体操作是：从起点方向或高处开始丈量，先将尺的零点对准一点，目估钢尺的水平情况，尺的另一端用线锤线紧靠钢尺的某刻度分划，使垂球自由下垂，指向地面点目标，得到第一段的水平距离。依次丈量各段的水平距离之和，其值即 A、B 间的水平距离。采用平量法得到的水平距离精度不高。

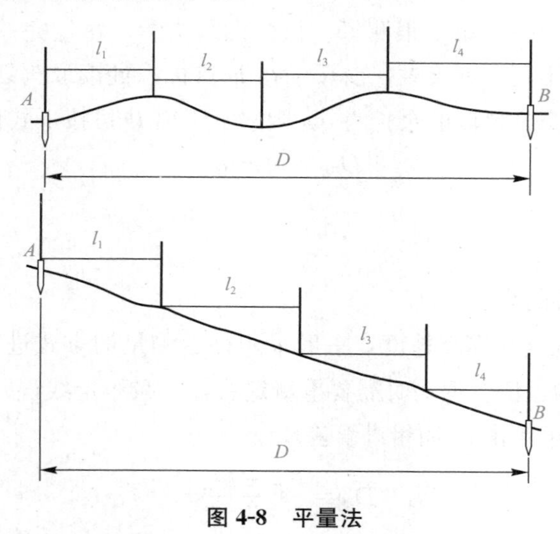

图 4-8 平量法

2. 斜量法

当 A、B 两点间的高差较大，但坡度比较均匀时，如图 4-9 所示，可先量取 A、B 间的倾斜距离 L，用水准仪测定两点间的高差 h，或用经纬仪测得竖直角，按下面的公式算出 A、B 间的水平距离 D：

$$D_{AB}=L_{AB}\cos\alpha \tag{4-4}$$

$$D_{AB}=\sqrt{L_{AB}^2-h_{AB}^2} \tag{4-5}$$

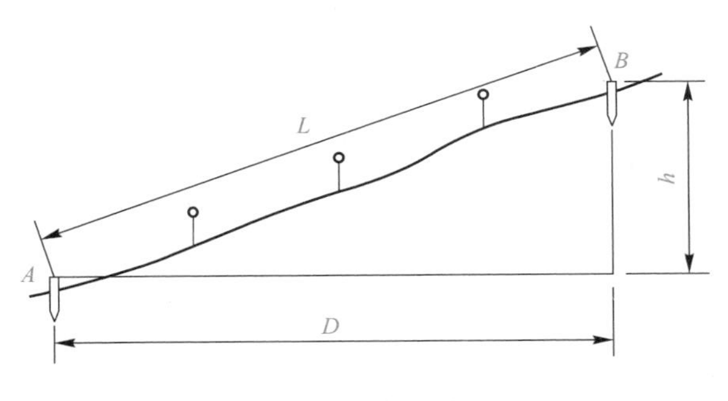

图 4-9　斜量法

为了检验成果的正确性，倾斜地面的量距方法也要采用往返测量的方式，最后按照式(4-2)、式(4-3)进行检验，判断其是否满足精度要求。

四、用钢尺精密量距

当对量距精度要求较高时，采用钢尺量距的一般方法进行丈量往往达不到精度要求，这就需要采用精密方法。钢尺量距的精密方法与一般方法的基本操作步骤是相同的，只是精密方法对测量数据的影响因素进行了相应的改正。

(一)钢尺的检验与校正

由于制造误差、量距时外界环境等方面的影响，钢尺的实际长度往往不等于尺上所注的长度，因此在精密丈量前，需对钢尺进行检定，求出在标准温度(20 ℃)和标准拉力(49 N)下钢尺的实际长度，以便对丈量结果加以改正。由此可得出尺长方程式：

$$l_t=l+\Delta l+\alpha(t-t_0)l \tag{4-6}$$

式中　l_t——钢尺在温度 t 时的实际长度(m)；

l——钢尺的名义长度(m)；

Δl——尺长改正数(m)；

α——钢尺的线胀系数，其值一般为 1.25×10^{-5} m/(m·℃)；

t——钢尺量距时的温度(℃)；

t_0——钢尺检定时的温度(℃)，一般为 20 ℃。

在实际精密丈量中，所使用的拉力一般就是标准拉力，所以不作拉力改正。每根钢尺都应有尺长方程式，用以对丈量结果进行改正。尺长改正数就是通过对钢尺检定，与标准尺比较求得的。

(二)钢尺精密量距的外业工作

1. 定线

现有 A、B 两点，采用经纬仪定线的方法定出相应的点，并钉上木桩或钉子，标示出其准确位置。

2. 量距

在检定过的钢尺的零端挂上弹簧秤，将尺的刻划靠近两相邻标志，施加钢尺检定时的拉力，如图 4-10 所示。当钢尺稳定后，在指挥员的指挥下，同时读取两端的读数，记入手簿。每一尺段均需丈量 3 次，以尺子的不同位置对准端点，其移动量一般在 10 cm 以内，以消除刻划误差。3 次量得的水平距离一般不超过 3 mm；如在允许范围以内，则取平均值作为观测值，每次观测时，需记录当时的温度，以便进行温度改正，完成往测后，应进行返测。

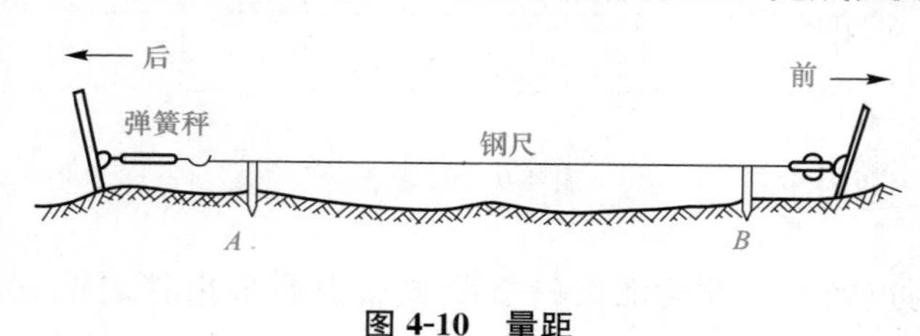

图 4-10　量距

3. 测定桩顶高差

为了将所测的倾斜距离转换成水平距离，还需对桩顶的高差进行测量，可采用水准测量的方法往返观测其相邻点的桩顶高差，作为倾斜改正的依据。一般要求测得的往返高差误差在±10 mm 以内，如在允许的范围以内，取平均值作为观测值的最后成果，见表 4-1。

表 4-1　精密量距记录计算表

钢尺号 NO：12　　钢尺膨胀系数：0.000 012　　钢尺检定时温度 t_0：20 ℃

名义尺长 l_0：30 m　　钢尺检定长度 l'：30.005 m　　钢尺检定时拉力：100 N

尺段编号	实测次数	前尺读数/m	后尺读数/m	尺段长度/m	温度/℃	高差/m	温度改正数/mm	倾斜改正数/mm	尺长改正数/mm	改正后尺段长/m
	1									
	2									
	3									
	平均									
	1									
	2									
	3									
	平均									
	1									
	2									
	3									
	平均									

（三）钢尺精密量距的内业工作

在钢尺精密量距中，将所测的数据经过尺长改正、温度改正和倾斜改正后，即得到所测的水平距离。将所有的尺段水平距离相加，即求出 A、B 两点间的全长。

1. 尺长改正

钢尺在标准拉力、标准温度下检定的实际长度与名义长度的差值就是该尺的尺长改正数。计算距离的尺长改正为

$$\Delta l_d = \frac{\Delta l}{l} d \tag{4-7}$$

式中 d——尺段的倾斜距离。

2. 温度改正

温度的变化会引起钢尺的热胀冷缩，从而对结果产生影响，因此需对观测结果进行温度改正，计算距离的温度改正为

$$\Delta l_t = \alpha(t - t_0)d \tag{4-8}$$

3. 倾斜改正

由于丈量时量取的是桩顶间的距离，而桩顶存在高差，故需对距离进行倾斜改正，计算距离的倾斜改正为

$$\Delta l_h = -\frac{h^2}{2d} \tag{4-9}$$

综上所述，每一尺段改正后的水平距离 D 为

$$D = d + \Delta l_d + \Delta l_t + \Delta l_h \tag{4-10}$$

【例 4-2】 已知钢尺的名义长度 $l=30$ m，实际长度 $l'=30.005$ m，检定钢尺时温度 $t_0=20$ ℃，钢尺的膨胀系数 $\alpha=1.25\times10^{-5}$。A～1 尺段，$d=29.393\ 0$ m，$t=25.5$ ℃，$h_{A1}=+0.36$ m，计算尺段改正后的水平距离。

【解】 尺长改正：$\Delta l_d = \frac{\Delta l}{l} d = \frac{0.005}{30} \times 29.393\ 0 = 0.004\ 9(\text{m})$

温度改正：$\Delta l_t = \alpha(t - t_0)d = 1.25\times10^{-5}\times(25.5-20)\times29.393\ 0 = 0.002\ 0(\text{m})$

倾斜改正：$\Delta l_h = -\frac{h^2}{2d} = -\frac{0.36^2}{2\times29.393\ 0} = -0.002\ 2(\text{m})$

水平距离 D：

$D = d + \Delta l_d + \Delta l_t + \Delta l_h = 29.393\ 0 + 0.004\ 9 + 0.002\ 0 - 0.002\ 2 = 29.397\ 7(\text{m})$

五、钢尺量距的注意事项

在丈量距离时，需要注意以下几个方面的问题：

(1)量距时应用经过检定的钢尺。

(2)前、后尺手的动作要配合好，定线要直，尺身要水平，尺子要拉紧，用力要均匀，

待尺子稳定时再读数或插测钎。

(3)用测钎标志点位，测钎要竖直插下。前、后尺所量测钎的部位应一致。

(4)读数要细心，读小数时要防止错把 9 读成 6，或将 21.042 读成 21.024 等。

(5)记录应清楚，记好后及时回读，互相校核。

(6)钢尺性脆易折断，应防止打折、扭曲、拖拉，并严禁车碾、人踏，以免损坏。钢尺易锈，用毕需擦净、涂油。

任务二　视距测量

视距测量是根据几何光学原理，利用仪器望远镜筒内的视距丝在标尺上截取读数，应用三角公式计算两点间的距离，使用该方法可同时测定地面上两点之间的水平距离和高差。视距测量的优点是操作方便、观测快捷、一般不受地形影响。其缺点是，测量视距和高差的精度较低，测距相对误差为 1/200～1/300。尽管视距测量的精度较低，但它还是能满足测量地形图碎部点的要求，所以在测绘地形图时，常采用视距测量的方法测量距离和高差。

一、视距测量原理

视距测量是利用望远镜内的视距装置配合视距尺，根据几何光学和三角测量原理，同时测定距离和高差的方法。

(一)视线水平时的距离与高差公式

视线水平时的视距测量如图 4-11 所示。

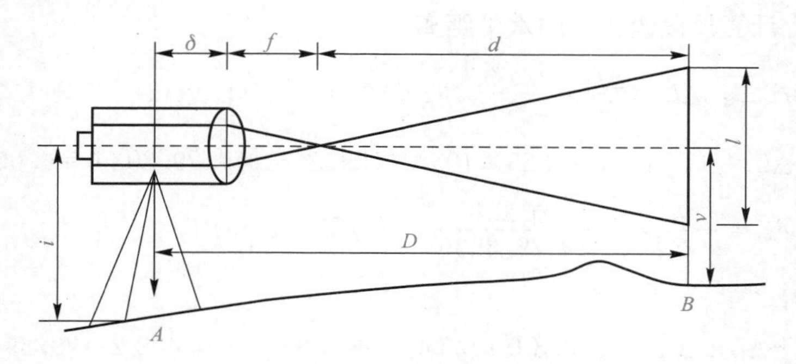

图 4-11　视线水平时的视距测量

距离公式为 $D=\frac{f}{p}l+f+\delta$　$\frac{d}{f}=\frac{l}{p}$，另 $\frac{f}{p}=k$　$f+\delta=c$，则

$$D=kl+c \tag{4-11}$$

式中　k——视距乘常数；

c——视距加常数。

常用的内对光望远镜的视距常数在设计时，使 $k=100$，$c\approx0$。

在视线水平时，计算两点间的水平距离的公式为：$D=k$。

(二)视线倾斜时的距离与高差公式

视线倾斜时的视距测量如图 4-12 所示。

倾斜距离为

$$D'=k\cdot l'=k\cdot l\cdot\cos\alpha \tag{4-12}$$

高差为

$$h=D\cdot\tan\alpha+i-v \tag{4-13}$$

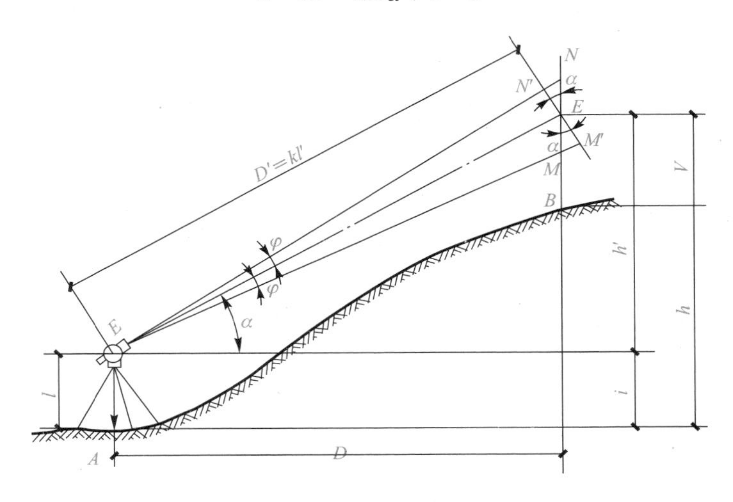

图 4-12 视线倾斜时视距测量

二、视距测量的方法

(1)在测站点安置仪器，量取仪器高 i(测站点至仪器横轴的高度，量至厘米)。

(2)盘左位置瞄准视距尺，读取水准尺的下丝、上丝及中丝读数。

(3)使竖直度盘水准管气泡居中，读取竖直度盘读数，然后计算竖直角。

(4)计算水平距离。

(5)计算高差和高程。

【例 4-3】 现需要测量 A、B 两点间的水平距离和高差，在 A 点架设仪器，测得仪器高 $i=1.42$ m，瞄准 B 点，测得上丝读数为 1.768 m，下丝读数为 0.934 m，中丝读数 $v=1.350$ m，竖直度盘读数 $L=92°45'$，计算 A、B 两点间的水平距离和高差。

【解】 竖直角：$\alpha=L-90°=92°45'-90°=2°45'$

上、下丝读数差：$l=1.768-0.934=0.834$(m)

水平距离：$D=kl\cos^2\alpha=100\times0.834\times\cos^2 2°45'=83.21$(m)

高差：$h=D\tan\alpha+i-v=83.21\times\tan2°45'+1.42-1.350=4.07(\text{m})$

三、视距测量的注意事项

虽然视距测量的相对精度不高，但测量时，仍需注意以下问题，以使读数精度满足要求：

(1)视线水平时的视距测量，也可使用水准仪进行，观测时仪器只需粗平即可。

(2)作业前要对仪器进行检验与校正，保证仪器的精度满足要求。

(3)由于上、下丝读数差 1 mm 的误差相当于 0.1 m 的距离差值，故在观测过程中必须消除视差的影响。

(4)读数时，要注意使水准尺竖直，最好选择带有水准器的水准尺，且要对水准尺进行检验和校正。

(5)读数时应快速读取，且视线高应在 1 m 以上，以减小大气折光的影响。

(6)仪器高 i 量至厘米，竖盘读数 L 读至分。

四、视距测量的误差分析

(1)视距尺分划误差。

(2)乘常数 k 不准确的误差。

(3)竖直角测角误差。

(4)视距丝读数误差。

(5)外界气象条件对视距测量的影响所引起的误差。

任务三　直线定向

为了确定地面两点在平面上位置的相对关系，仅测得两点间的水平距离是不够的，还需确定该直线的方向。在测量上，直线方向是以该直线与基本方向线之间的夹角来确定的。确定直线方向与基本方向之间的关系，称为直线定向。

一、基本方向的种类

(一)真子午线方向

通过地球表面某点的真子午线的切线方向，称为该点的真子午线方向。真子午线方向可用天文观测方法或陀螺经纬仪来确定。

(二)磁子午线方向

磁针在地球磁场的作用下自由静止时所指的方向，即磁子午线方向。由于地磁南、北极与地球南、北极不重合，因此，地面上某点的磁子午线与真子午线也并不一致，它们之间的夹角称为磁偏角，用符号 δ 表示，如图 4-13 所示。磁子午线方向偏于真子午线方向以东称为东偏，偏于西称为西偏，并规定东偏为正、西偏为负。磁偏角的大小随地点的不同而异，即使在同一地点，由于地球磁场经常变化，磁偏角的大小也有变化。我国境内磁偏角值在 $+6°$(西北地区)和 $-10°$(东北地区)之间。磁子午线方向可用罗盘仪来测定。由于地球磁极的变化，磁针受磁性物质的影响，定向精度不高，所以不适合作为精确定向的基本方向，但可作为小区域独立测区的基本方向。

(三)坐标纵轴方向

以通过测区内坐标原点的坐标纵轴 OX 轴正方向为基本方向，测区内其他各点的子午线均与过坐标原点的坐标纵轴平行。这种基本方向称为坐标纵轴方向。

通过地面某点 M 的真子午线方向与坐标纵轴方向之间的夹角称为子午线收敛角 γ。坐标纵轴方向偏于真子午线方向以东者为东偏，γ 角为正，西偏的 γ 角为负，如图 4-13 所示。某点的子午线收敛角值，可根据该点的高斯平面直角坐标在有关计算表中查得。

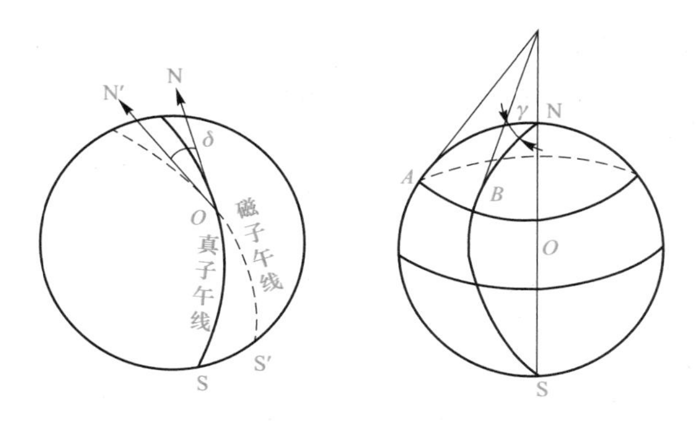

图 4-13　子午方位角

二、直线方向的表示方法

(一)方位角

从过直线段一端的基本方向线的北端起，以顺时针方向旋转到该直线的水平角度，称为该直线的方位角。方位角的角值为 0°～360°。因基本方向有三种，所以方位角也有三种，即真方位角、磁方位角、坐标方位角。

以真子午线为基本方向线，所得方位角称为真方位角，一般以 A 表示。以磁子午线为基本方向线，所得方位角称为磁方位角，一般以 A_m 来表示。以坐标纵轴为基本方向线所得方位角，称为坐标方位角(有时简称为方位角)，通常以 α 来表示。

(二)象限角

对于直线定向，有时也用小于 90°的角度来确定。从过直线一端的基本方向线的北端或南端，依顺时针(或逆时针)的方向量至直线的锐角，称为该直线的象限角，一般以 R 表示，如图 4-14 所示。象限角的角值为 0°～90°。NS 为经过 O 点的基本方向线，$O1$、$O2$、$O3$、$O4$ 为地面直线，则 R_1、R_2、R_3、R_4 分别为 4 条直线的象限角。若基本方向线为真子午线，则相应的象限角为真象限角。若基本方向线为磁子午线，则相应的象限角为磁象限角。

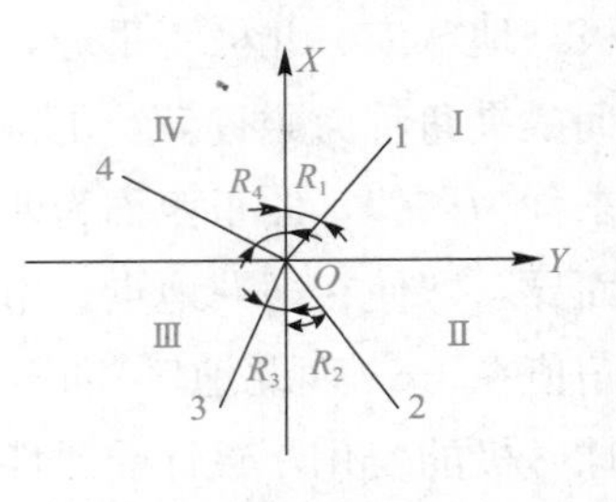

图 4-14　象限角

仅有象限角的角值还不能完全确定直线的位置。因为具有某一角值(如 50°)的象限角，可以从不同的线端(北端或南端)和不同的方向(向东或向西)来度量，所以，**在用象限角确定直线的方向时，除写出角度的大小外，还应注明该直线所在象限名称，如北东、南东、南西、北西等**。在图 4-14 中，直线 $O1$、$O2$、$O3$、$O4$ 的象限角相应地要写为北东 R_1、南东 R_2、南西 R_3、北西 R_4，它们顺次相应等于第一、二、三、四象限中的象限角。象限角也有正、反之分，正、反象限角值相等，象限名称相反。

(三)坐标方位角与象限角的关系

同一直线的坐标方位角与象限角之间的关系见表 4-2。

表 4-2　坐标方位角与象限角之间的关系

直线方向	象限	象限角与方位角的关系
北东	Ⅰ	$\alpha=R$
南东	Ⅱ	$\alpha=180°-R$
南西	Ⅲ	$\alpha=180°+R$
北西	Ⅳ	$\alpha=360°-R$

(四)正、反坐标方位角的关系

相对来说，一条直线有正、反两个方向。直线的两端可以按正、反方位角进行定向。若设定直线的正方向为 12，则直线 12 的方位角为正方位角，而直线 21 的方位角就是直线 12 的反方位角。反之，也是一样，如图 4-15 所示。

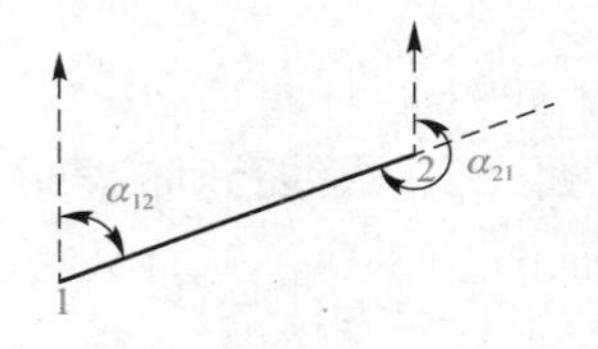

图 4-15　正、反方位角

若以 α_{12} 为直线正坐标方位角，则 α_{21} 为反坐标方位角，两者有如下关系：

若 $\alpha_{12}<180°$，则有 $\alpha_{21}=\alpha_{12}+180°$；若 $\alpha_{12}>180°$，则有 $\alpha_{21}=\alpha_{12}-180$，即

$$\alpha_{12}=\alpha_{21}\pm180°$$

$$\alpha_{正}=\alpha_{反}\pm180° \tag{4-14}$$

三、方位角测量

(1)**真方位角——可用天文观测方法或用陀螺经纬仪来测定**。

(2)磁方位角——可用罗盘仪来测定，不宜作精密定向。

(3)坐标方位角——由 2 个已知点坐标经“坐标反算”求得。

(4)坐标方位角的推算：α_{12} 已知，通过联测求得 12 边与 23 边的连接角为 β_2(右角)，23 边与 34 边的连接角为 β_3(左角)，现推算 α_{23}、α_{34} 的方位角。

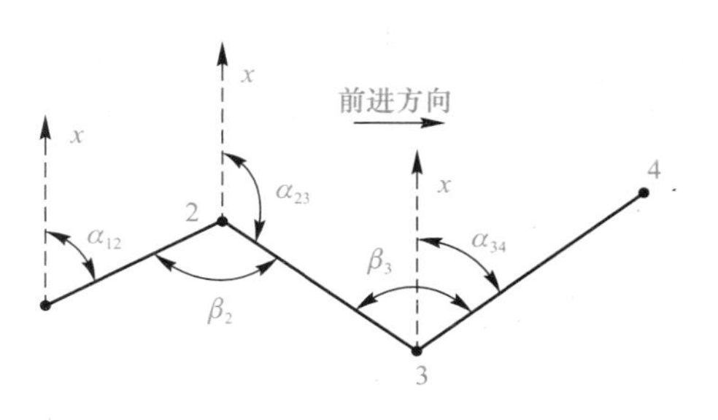

图 4-16　坐标方位角的推算

坐标方位角的推算如图 4-16 所示。

由图中分析可知：

$$\alpha_{23}=\alpha_{21}-\beta_2=\alpha_{12}+180°-\beta_2$$

$$\alpha_{34}=\alpha_{32}-\beta_3=\alpha_{23}+180°-\beta_3$$

推算坐标方位角的通用公式为：

$$\alpha_{前}=\alpha_{后}+180°+\beta_{右}^{左} \tag{4-15}$$

当 β 角为左角时，取“+”；当 β 角为右角时，取“−”。

计算中，若 $\alpha_{前}>360°$，减 360°；若 $\alpha_{前}<0°$，加 360°。

思考题与练习

参考答案

1. 什么是距离测量？常用的距离测量方法及其原理有哪些？

2. 什么是钢尺的名义长度和实际长度？钢尺检定的目的是什么？

3. 什么是直线定线？常用的方法有哪些？

4. 丈量两段距离，一段往、返测分别为 126.78 m、126.68 m，另一段往、返测分别为 357.23 m、357.33 m。问哪一段量得精确？

5. 什么是视距测量？视距测量所用的仪器、工具有哪些？

6. 进行普通视距测量时，仪器高为 1.52 m；中、下丝在水准尺上的读数分别为 1.684 m、1.215 m；测得竖直角为 3°54′。求立尺点到测站点的水平距离以及测站点的高差。

7. 什么是直线定向？直线定向的方法有哪几种？

8. 钢尺精密量距中，应进行哪些改正？写出改正公式。

9. 影响钢尺量距精度的主要误差有哪些？

10. 什么是坐标方位角？若 $\alpha_{CD}=165°46'30''$，则 α_{DC} 等于多少？

11. 如图 4-17 所示，已知 $\alpha=56°06'$，求其余各边的坐标方位角。

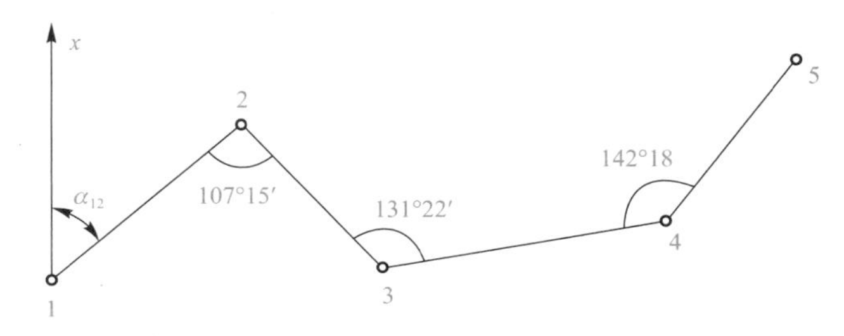

图 4-17　习题 11 图

项目五　全站仪及应用

学习重点

全站仪的构造、用途。

技能目标

学会使用全站仪进行测角、测距、坐标测量、放样测量方法。

应用能力

能用放样测量程序进行建筑物的定位。

案例导入

现有一项目如图5-1所示，已知现场有5个已知点 A、B、C、D、E 可用。现场由于刚刚进行完工程拆除，场地平整条件较差，又因为拆除工期拖延，工程项目必须马上定位施工，立即进行机械开挖。从现场条件分析，项目经理部决定测量组立即用全站仪进行建筑物的定位放线工作。那么全站仪到底有哪些现场工作优势？项目经理部为什么这样决定？如何用全站仪完成任务？这些问题需在学完本项目后才可解决。

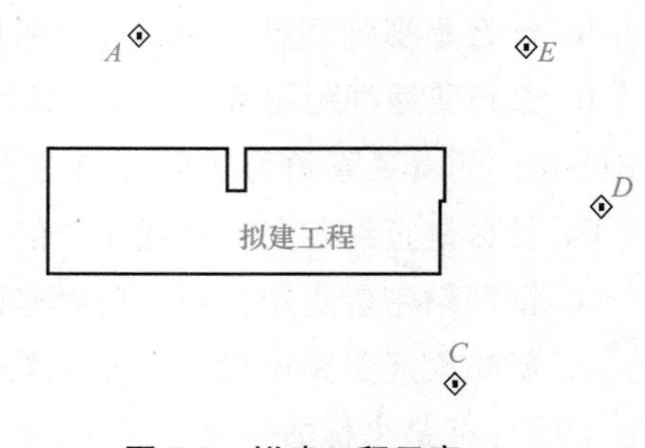

图5-1　拟建工程示意

岗位角色目标

直接角色：测量工程师、测量员。

间接角色：监理工程师、建造师、施工员等。

任务一　认识全站仪

全站仪即全站型电子速测仪。其是一种集光、机、电于一体的高技术测量仪器，是集水平角、垂直角、距离(斜距、平距)、高差测量功能于一体的测绘仪器系统。其因一次安置就可完成该测站上的全部测量工作，所以称为全站仪。全站仪广泛用于地上大型建筑和地下隧道施工等精密工程测量或变形监测领域。

一、全站仪的分类

(一)全站仪按其外观结构分类

(1)积木型(又称为组合型)。早期的全站仪，大都是积木型结构，即电子速测仪、电子经纬仪、电子记录器各是一个整体，可以分离使用，也可以通过电缆或接口将它们组合起来，形成完整的全站仪。

(2)整体型。随着电子测距仪进一步的轻巧化，现代的全站仪大都把测距、测角和记录单元在光学、机械等方面设计成一个不可分割的整体，其中测距仪的发射轴、接收轴和望远镜的视准轴为同轴结构。这对保证较大垂直角条件下的距离测量精度非常有利。

(二)全站仪按测量功能分类

(1)经典型全站仪。经典型全站仪也称为常规全站仪，它具备全站仪电子测角、电子测距和数据自动记录等基本功能，有的还可以运行厂家或用户自主开发的机载测量程序。

(2)机动型全站仪。机动型全站仪是在经典全站仪的基础上安装轴系步进电机，可自动驱动全站仪照准部和望远镜的旋转。在计算机的在线控制下，机动型全站仪可按计算机给定的方向值自动照准目标，并可实现自动正、倒镜测量。

(3)无合作目标型全站仪(也称为免棱镜全站仪)。无合作目标型全站仪是指在无反射棱镜的条件下，可对一般的目标直接测距的全站仪。因此，对不便安置反射棱镜的目标进行测量，无合作目标型全站仪具有明显优势。如徕卡 TCR 系列全站仪，无合作目标距离测程可达 1 000 m，广泛用于地籍测量、房产测量和施工测量等。

(4)智能型全站仪。在机动化全站仪的基础上，仪器安装自动目标识别与照准的新功能，因此在自动化的进程中，全站仪进一步克服了需要人工照准目标的重大缺陷，实现了全站仪的智能化。在相关软件的控制下，智能型全站仪在无人干预的条件下可自动完成多个目标的识别、照准与测量，因此，智能型全站仪又称为“测量机器人”，典型的代表有徕卡的 TCA 型全站仪等。

(三)全站仪按测量距离分类

(1)短距离测距全站仪。其测程小于 3 km，一般精度为±(5 mm+5 ppm)，主要用于普通测量和城市测量。全世界精度最高的全站仪为TCA2003。

(2)中测程全站仪。其测程为3～15 km，一般精度为±(5 mm+2 ppm)、±(2 mm+2 ppm)，通常用于一般等级的控制测量。

(3)长测程全站仪。其测程大于15 km，一般精度为±(5 mm+1 ppm)，通常用于国家三角网及特级导线的测量。

对于全站仪的测距部分的**标称精度指标**，一般均表达为**±($A+B\cdot D$)的形式**。显然，该精度表达形式由以下两部分组成：**A代表固定误差，单位符号为mm**，一般为1～5 mm。它主要由仪器加常数的测定误差、对中误差、测相误差等引起。固定误差与所测距离的长短无关，即无论所测距离的长还是短，仪器总是存在着一个不大于该值的固定误差。**B、D代表比例误差**(B为比例误差系数，D为所测距离)。它主要由仪器乘常数的测定误差、仪器频率误差、大气折射率误差引起。

如某全站仪测距标称精度为±(2 mm+2 ppm×D)。当被测距离为1 km时，仪器测距标称精度为±(2 mm +2 mm)，即最大测距误差不大于4 mm；当被测距离为2 km时，仪器测距标称精度则为±(2 mm+4 mm)，即最大测距误差不大于6 mm。

■ 二、全站仪的工作特点

(1)能同时测角、测距并自动记录测量数据；

(2)设有各种野外应用程序，能在测量现场得到归算结果；

(3)能实现数据流。

■ 三、全站仪仪器的外观和功能说明

1. 全站仪仪器外观

全站仪的外观如图5-2所示。

全站仪的面板如图5-3所示。

2. 面板上按键的功能

⟀——进入坐标测量模式键。

◢——进入距离测量模式键。

ANG——进入角度测量模式键。

MENU——进入主菜单测量模式键。

ESC——用于中断正在进行的操作，退回到上一级菜单。

POWER——电源开关键。

▶◀——光标左、右移动键。

▲▼——光标上、下移动，翻屏键。

F1、F2、F3、F4——软功能键，其功能分别对应显示屏上相应位置显示的命令。

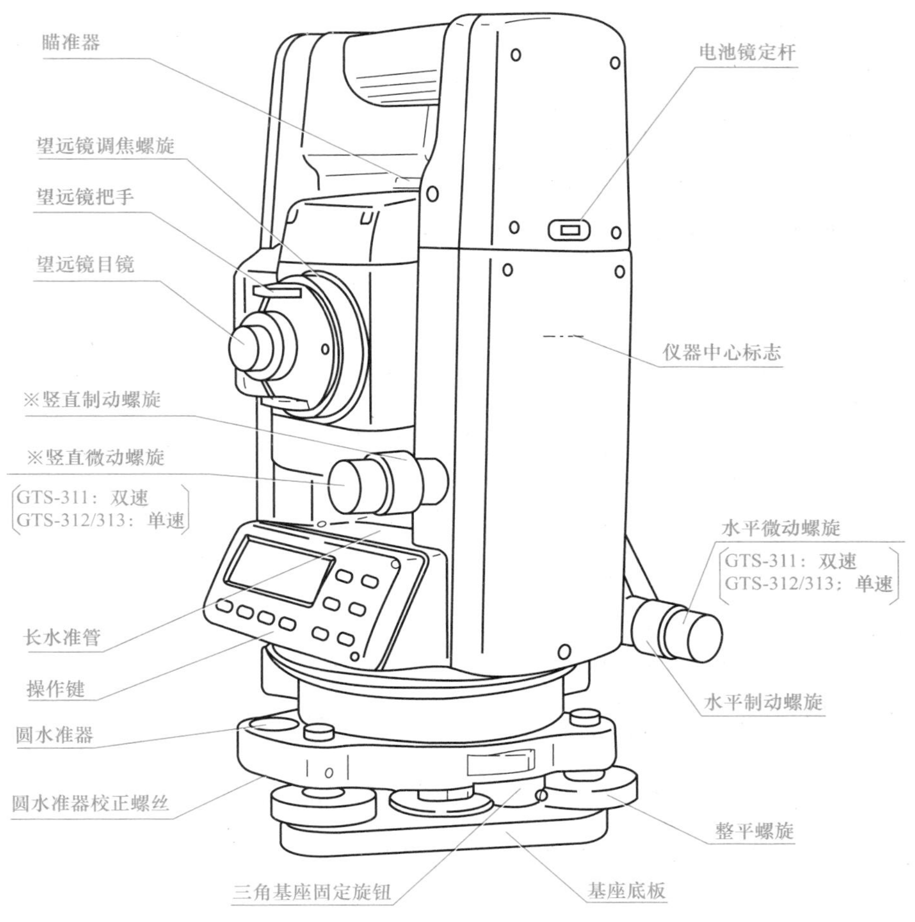

图 5-2　全站仪的外观

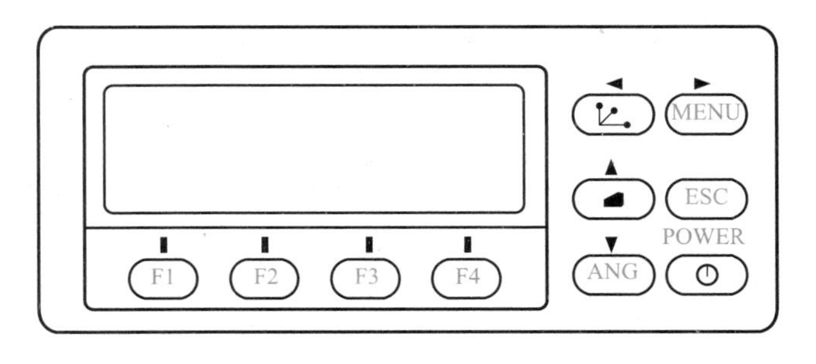

图 5-3　全站仪的面板

3. 显示屏上显示符号的含义

V——竖直度盘读数；HR——水平度盘读数(右向计数)；HL——水平度盘读数(左向计数)；HD——水平距离；VD——仪器望远镜与棱镜间高差；SD——斜距；　——正在测距；N——北坐标，相当于 x；E——东坐标，相当于 y；Z——天顶方向坐标，相当于高程 H。

任务二　全站仪测量基本模式

本任务主要是对 TOPCON GTS-312 全站仪进行介绍。

一、角度测量模式

功能：按“ANG”键进入，可进行水平角、竖直角的测量，倾斜改正开关的设置，见表 5-1。

表 5-1　角度测量模式

第 1 页	F1　OSET：设置水平读数为 0°00′00″； F2　HOLD：锁定水平读数； F3　HSET：设置任意大小的水平读数； F4　P1↓：进入第 2 页
第 2 页	F1　TILT：设置倾斜改正开关； F2　REP：复测法； F3　V%：竖直角用百分数显示； F4　P2↓：进入第 3 页
第 3 页	F1　H－BZ：仪器每转动水平角 90°时，是否要蜂鸣声； F2　R/L：右向水平读数 HR/左向水平读数 HL 的切换，一般用 HR； F3　CMPS：天顶距 V/竖直角 CMPS 的切换，一般取 V； F4　P3↓：进入第 1 页

二、距离测量模式

功能：按“◢”键进入，可进行水平角、竖直角、斜距、平距、高差的测量及 PSM、PPM、距离单位等的设置，见表 5-2。

表 5-2　距离测量模式

第 1 页	F1　MEAS：进行测量； F2　MODE：设置测量模式，Fine/coarse/tracking（精测/粗测/跟踪）； F3　S/A：设置棱镜常数改正值(PSM)、大气改正值(PPM)； F4　P1↓：进入第 2 页
第 2 页	F1　OFSET：偏心测量方式； F2　SO：距离放样测量方式； F3　m/f/i：距离单位米/英尺①/英寸②的切换； F4　P2↓：进入第 1 页

① 1 英尺＝0.304 8 米。
② 1 英寸＝0.025 4 米。

三、坐标测量模式

功能：按“MENU”键进入，可进行坐标(N，E，H)、水平角、竖直角、斜距的测量及PSM、PPM、距离单位等的设置，见表5-3。

表5-3　坐标测量模式

第1页	F1　MEAS：进行测量； F2　MODE：设置测量模式，Fine/Coarse/Tracking； F3　S/A：设置棱镜改正值(PSM)、大气改正值(PPM)常数； F4　P1↓：进入第2页
第2页	F1　R. HT：输入棱镜高； F2　INS. HT：输入仪器高； F3　OCC：输入测站坐标； F4　P2↓：进入第3页
第3页	F1　OFSET：偏心测量方式； F2　—— F3　m/f/i：距离单位米/英尺/英寸切换； F4　P3↓：进入第1页

四、主菜单模式

功能：按“MENU”键进入，可进行数据采集、坐标放样、程序执行、内存管理(数据文件编辑、传输及查询)、参数设置等。

需要说明的是，不同厂家、不同型号的全站仪的界面和程序操作有所不同，使用前一定要认真阅读相关使用说明书。

任务三　全站仪基本测量方法

一、测量前的准备工作

(1)电池的安装(注意：测量前电池需充足电)。

1)把电池盒底部的导块插入装电池的导孔。

2)按电池盒的顶部直至听到“咔嚓”响声。

3)向下按解锁钮，取出电池。

(2)仪器的安置。

1)将全站仪安置于测站点，对中，整平，如图 5-4 所示。

图 5-4　安置全站仪

2)在目标点上分别安置棱镜，如图 5-5 所示。

图 5-5　安置棱镜

(3)竖直度盘和水平度盘指标的设置。

1)竖直度盘指标的设置。松开竖直度盘制动钮，将望远镜纵转一周(望远镜处于盘左，当物镜穿过水平面时)，竖直度盘指标即已设置。随即听见一声鸣响，并显示出竖直角。

2)水平度盘指标的设置。松开水平制动螺旋，旋转照准部 360°，水平度盘指标即自动设置。随即一声鸣响，同时显示水平角。至此，竖直度盘和水平度盘指标已设置完毕。

注意：每当打开仪器电源时，必须重新设置指标。

(4)调焦与照准目标。其操作步骤与一般经纬仪相同，注意消除视差。

二、角度测量

(1)首先从显示屏上确定是否处于角度测量模式，如果不是，则转换为角度测量模式。

(2)盘左瞄准左目标 A，按置零键，使水平度盘读数显示为 $0°00'00''$，顺时针旋转照准部，瞄准右目标 B，读取显示读数。

(3)用同样的方法可以进行盘右观测。

(4)如果测竖直角，可在读取水平度盘的同时读取竖直度盘的显示读数。

三、距离测量

(1)设置棱镜常数。测距前需将棱镜常数输入仪器中，仪器会自动对所测距离进行改正。

(2)设置大气改正值或气温、气压值。光在大气中的传播速度会随大气的温度和气压而变化，15 ℃和 760 mmHg 是仪器设置的一个标准值，此时的大气改正为 0 ppm。实测时，可输入温度和气压值，全站仪会自动计算大气改正值(也可直接输入大气改正值)，并对测距结果进行改正。

全站仪测距或坐标测量时进行气象改正的方法，主要有以下三种：

1)根据气象改正图表，由用户查取；

2)提供气象改正公式，由用户自己算出(每个厂家提供的公式可能会略有不同)；

3)用户直接输入温度 T、气压 P，由全站仪自动算出(新型全站仪一般都有此功能)。

(3)量仪器高、棱镜高并输入全站仪。

(4)距离测量。照准目标棱镜中心，按测距键，距离测量开始，测距完成时显示斜距、平距、高差。HD 为水平距离，VD 为倾斜距离。

全站仪的测距模式有精测模式、跟踪模式、粗测模式三种。精测模式是最常用的测距模式，测量时间约为 2.5 s，最小显示单位为 1 mm；跟踪模式常用于跟踪移动目标或放样时连续测距，最小显示单位一般为 1 cm，每次测距时间约为 0.3 s；粗测模式的测量时间约为 0.7 s，最小显示单位为 1 cm 或 1 mm。在距离测量或坐标测量时，可按测距模式(MODE)键选择不同的测距模式。

应注意，**有些型号的全站仪在距离测量时不能设定仪器高和棱镜高，显示的高差值是全站仪横轴中心与棱镜中心的高差。**

四、坐标测量

(1)输入测站点的三维坐标。

(2)设定后视点的坐标或设定后视方向的水平度盘读数为其方位角。当设定后视点的坐标时，全站仪会自动计算后视方向的方位角，并设定后视方向的水平度盘读数为其方位角。

(3)设置棱镜常数。

(4)设置大气改正值或气温、气压值。

(5)量仪器高、棱镜高并输入全站仪。

(6)照准目标棱镜，按坐标测量键，全站仪开始测距并计算显示测点的三维坐标。

应注意以下两点：

(1)应使用仪器的竖丝进行定向，严格使测站点、仪器中心、后视点棱镜中心在同一直线上。后视点地面要有牢固清晰的对中标记。

(2)后视点棱镜中心与仪器中心是否重合一致，是保证检测精度的重要环节，因此，最好在后视点用三脚架和两者能通用的基座。用三爪式棱镜连接器及基座互换时，三脚架和基座保持固定不动，仅换棱镜和仪器的基座以上部分，以减小不重合误差。

五、点位放样测量

点位放样的方法如图 5-6 所示。

(1)输入测站点的三维坐标。

(2)设定后视点的坐标或设定后视方向的水平度盘读数为其方位角。当设定后视点的坐标时，全站仪会自动计算后视方向的方位角，并设定后视方向的水平度盘读数为其方位角。

(3)设置棱镜常数。

(4)设置大气改正值或气温、气压值。

(5)量仪器高、棱镜高并输入全站仪。

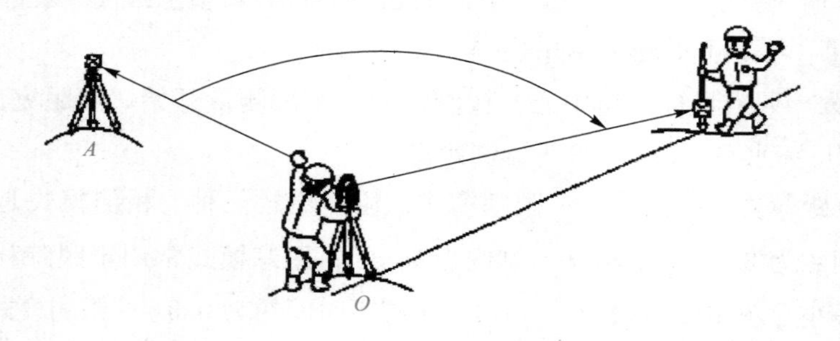

图 5-6 点位放样测量

(6)输入需要放样的坐标，按"确认"键，仪器会显示角度、距离，单击"放样"键，仪器会显示角度，松开转向按钮，转动仪器到角度归零附近，固定住转向，微调，让角度最接近归零，让助手把棱镜架在仪器镜头对准的方向，从镜头中看见棱镜后按"测距"键，界面会显示一个数值，若是"+"值，就让助手向仪器正方向前进，若是"—"值，就让助手后退，直至仪器上数值无限接近零，将误差控制在 5 mm 之内，放出该点。按"下一点"键输入下一点的坐标。重复操作，直至测量完成。

六、全站仪显示符号的含义

全站仪显示符号的含义见表5-4。

表5-4 全站仪显示符号的含义

序号	符号	含义
1	HA	水平角
2	VA	垂直角
3	SD	斜距
4	AZ	方位角
5	HD	水平距离
6	VD	垂直距离
7	HL	水平角(左角)：360－HA
8	V%	坡度
9	N	北坐标
10	E	东坐标
11	Z	高程
12	PT	点名
13	HT	目标高
14	CD	编码
15	PPM	大气改正值
16	P1	一号点
17	P2	二号点
18	HI	仪器高
19	BS	后视点
20	ST	测量

任务四　全站仪的检校及使用注意事项

一、全站仪的检校

(1)照准部水准器的检验与校正；

(2)圆水准器的检验与校正；

(3)十字丝位置的检验与校正；

(4)视准轴的检验与校正；

(5)光学对点器的检验与校正；

(6)测距轴与视准轴同轴的检查；

(7)距离加常数的测定。

上述(1)～(5)项与普通经纬仪的检验与校正基本相同。对于上述(6)、(7)项，一般现场不具备检校条件，必须进行专业校正。

■ 二、全站仪使用注意事项

(1)校核仪器。仪器应有由计量部门出具的校核合格证，或现场对测绘资料中的交桩的已知点进行复核，若偏差在允许范围内，则说明仪器测量精度符合要求。

(2)认真阅读仪器使用说明书。由于仪器种类较多，不同仪器的程序菜单及操作顺序有差别，所以应熟悉产品使用说明书，掌握操作顺序。

(3)外业操作前准备好测量数据，并根据现场地形情况确定测量线路。

(4)必须遵循“先整体后局部、先高级后低级、先控制后碎部”的原则组织测量。

(5)测量前对已知控制点进行闭合、平差。

(6)作业前应仔细全面地检查仪器，确定仪器各项指标、功能、电源、初始设置和改正参数均符合要求后再进行作业。

(7)考虑环境对测量精度的影响，如日光、气压、温度、风力、空气透明度等。在日光下测量应避免将物镜直接瞄准太阳，若在太阳下作业应安装滤光器；若风级较大，其会对仪器和棱镜的稳定产生影响；仪器处于高温或振动环境时测量结果误差较大。

(8)及时对测量数据进行存储和整理。

■ 三、全站仪的使用与维护

1. 全站仪保管的注意事项

(1)仪器的保管由专人负责，每天现场使用完毕带回办公室，不得放在现场工具箱内。

(2)仪器箱内应保持干燥，要防潮、防水并及时更换干燥剂。仪器必须放置于专门架上或固定位置。

(3)仪器长期不用时，应定期(一月左右)取出通风防霉并通电驱潮，以保持仪器良好的工作状态。

(4)仪器要放置整齐，不得倒置。

2. 操作时的注意事项

(1)开工前应检查仪器箱背带及提手是否牢固。

(2)开箱后提取仪器前，要看准仪器在箱内放置的方式和位置，装卸仪器时，必须握住提手，将仪器从仪器箱取出或装入仪器箱时，请握住仪器提手和底座，不可握住显示单元的下部。切不可拿仪器的镜筒，否则会影响内部固定部件，从而降低仪器的精度。应握住仪器的基座部分，或双手握住望远镜支架的下部。仪器用毕，先盖上物镜罩，并擦去表面的灰尘。装箱时各部位要放置妥帖，合上箱盖时应无障碍。

(3)在太阳光照射下观测仪器时，应给仪器打伞，并带上遮阳罩，以免影响观测精度。在杂乱环境下测量时，仪器要有专人守护。当仪器架设在光滑的表面时，要用细绳(或细铅丝)将三脚架的三个脚连起来，以防仪器滑倒。

(4)当仪器架设在三脚架上时，尽可能用木制三脚架，因为使用金属三脚架可能会产生振动，从而影响测量精度。

(5)当测站之间距离较远时，搬站时应将仪器卸下，装箱后背着走。行走前要检查仪器箱是否锁好，检查安全带是否系好。当测站之间距离较近时，搬站时可将仪器连同三脚架一起靠在肩上，但仪器要尽量保持直立放置。

(6)搬站之前，应检查仪器与脚架的连接是否牢固，搬运时，应把制动螺旋略微拧紧，使仪器在搬站过程中不致晃动。

(7)仪器的任何部分发生故障时，不要勉强使用，应立即检修，否则会加剧仪器的损坏程度。

(8)光学元件应保持清洁，如沾染灰沙，必须用毛刷或柔软的擦镜纸擦掉。禁止用手指抚摸仪器的任何光学元件表面。清洁仪器透镜表面时，请先用干净的毛刷扫去灰尘，再用干净的无线棉布蘸酒精，由透镜中心向外一圈圈地轻轻擦拭。除去仪器箱上的灰尘时切不可作用任何稀释剂或汽油，而应用干净的布块沾中性洗涤剂擦洗。

(9)在潮湿环境中工作时，作业结束后要用软布擦干仪器表面的水分及灰尘后装箱。回到办公室后立即开箱取出仪器放于干燥处，彻底晾干后再装进箱内。

(10)冬天室内、室外温差较大时，仪器搬出室外或搬入室内后，隔一段时间才能开箱。

3. 仪器转运时的注意事项

(1)首先把仪器装在仪器箱内，再把仪器箱装在专供转运用的木箱内，并在空隙处填以泡沫、海绵、刨花或其他防振物品。装好后将木箱或塑料箱盖好。需要时应用绳子捆扎结实。

(2)无专供转运的木箱或塑料箱的仪器不应托运，应由测量员亲自携带。在整个转运过程中，要做到人不离开仪器，如乘车，应将仪器放在松软的物品上面，并用手扶着，车在颠簸厉害的道路上行驶时，应将仪器抱在怀里。

(3)注意轻拿轻放、放正、不挤不压，无论晴雨，均要事先做好防晒、防雨、防振等措施。

4. 电池使用的注意事项

全站仪的电池是全站仪最重要的部件之一，现在全站仪所配备的电池一般为 Ni-MH(镍氢电池)和 Ni-Cd(镍镉电池)，电池的好坏、电量的多少决定了外业时间的长短。

(1)建议在电源打开期间不要将电池取出，因为此时存储数据可能会丢失，因此请在电源关闭后再装入或取出电池。

(2)可充电电池可以反复充电使用，但是如果在电池还存有剩余电量的状态下充电，则会缩短电池的工作时间，此时，电池的电压可通过刷新予以复原，从而改善作业时间，充足电的电池放电时间约为 8 小时。

(3)不要连续进行充电或放电，否则会损坏电池和充电器，如有必要进行充电或放电，则应在停止充电约 30 分钟后再使用充电器。

(4)不要在电池刚充电后就进行充电或放电，有时这样会造成电池损坏。

(5)超过规定的充电时间会缩短电池的使用寿命，应尽量避免。

(6)电池剩余容量显示级别与当前的测量模式有关，在角度测量的模式下，电池剩余容量够用，并不能够保证电池在距离测量模式下也能用，因为距离测量模式耗电高于角度测量模式。当从角度测量模式转换为距离测量模式时，由于电池容量不足，不时会中止测距。

总之，只有在日常的工作中，注意全站仪的使用和维护，注意全站仪电池的充放电，才能延长全站仪的使用寿命，使全站仪的功效发挥到最大。

思考题与练习

参考答案

1. 全站仪的常规测量模式一般有哪些?
2. 全站仪能快速完成一个测站所需完成的哪些工作?
3. 用全站仪进行坐标测量时，要先设置哪些参数?
4. 请简述如何使用全站仪进行放样测量。

项目六 建筑施工测量

学习重点

(1)测设的基本工作的方法。

(2)施工控制测量的内容。

(3)建筑物的定位放线的依据和方法。

技能目标

学会抄平、放线。

应用能力

(1)能进行拟建房屋的定位放线。

(2)能进行基础与主体施工质量检查与控制的测量。

案例导入

现有一拟建教学楼，图 6-1 所示为该项目施工总平面图。请同学们在课前思考下列问题：

(1)如何准确确定该教学楼的位置?

(2)建造过程中如何让各部位的位置准确达到精度要求?

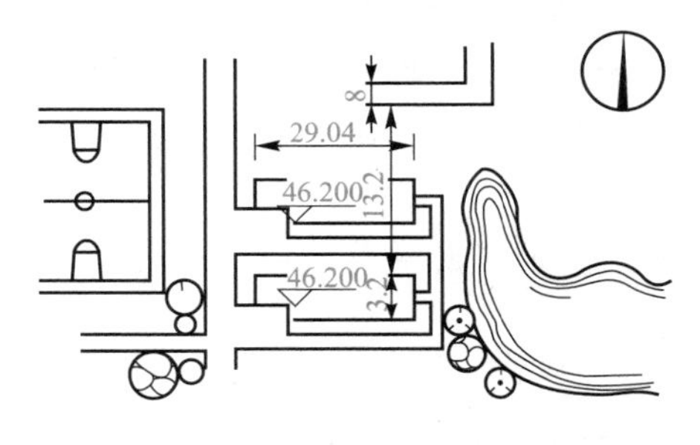

图 6-1 教学楼施工总平面图

岗位角色目标

直接角色：测量工程师、测量员。

间接角色：监理工程师、建造师、质量检查员、施工员等。

任务一　认识施工测量

施工测量是施工阶段所进行的测量工作，其特点是精度要求高，与施工进度关系密切。施工测量始终贯穿于施工过程的各道工序之间，要求根据现场的具体条件科学、简捷、快速、准确地完成各项作业任务，确保施工质量和进度。

■ 一、施工测量的工作内容

各种工程在施工阶段所进行的测量工作称为施工测量。施工测量的主要工作是将设计图纸上的建筑物和构筑物，按其设计的平面位置和高程，通过测量手段和方法，用线条、桩点等可见标志，在现场标定出来，作为施工的依据，这种由图纸到现场的测量工作称为测设，也称为放样。

施工测量除测设外，还包括为了保证放样精度和统一坐标系统，事先在施工场地上进行的前期测量工作——施工控制测量；为了检查每道工序施工后建筑物和构筑物的尺寸是否符合设计要求，以及确定竣工后建筑物和构筑物的真实位置和高程，而进行的事后测量工作——检查验收与竣工测量；为了监视重要建筑物和构筑物在施工过程和使用过程中位置和高程的变化情况，而进行的周期性测量工作——变形观测。

由于工程类型的不同和施工现场条件的不同，具体的施工测量工作内容会有所不同，相应的施工测量方法也会不同，本项目先介绍最基本、最常用并可普遍应用于各种工程的施工测量方法，即基本测量要素(水平距离、水平角和高差)的测量方法，然后详细介绍工业与民用建筑工程施工测量的具体内容与方法。

■ 二、施工测量的特点

1. 测量精度要求较高

总的来说，为了保证建筑物和构筑物位置的准确，以及其内部几何关系的准确，满足使用、安全与美观等方面的要求，应以较高的精度进行施工测量。但不同种类的建筑物和构筑物，其测量精度要求有所不同；同类建筑物和构筑物在不同的工作阶段，其测量精度要求也有所不同。

对不同种类的建筑物和构筑物，从大类来说，工业建筑的测量精度要求高于民用建筑，高层建筑的测量精度要求高于低(多)层建筑，桥梁工程的精度要求高于道路工程；从小类来说，以工业建筑为例，钢结构的工业建筑的测量精度要求高于钢筋混凝土结构的工业建筑，自动化和连续性的工业建筑的测量精度要求高于一般的工业建筑，装配式工业建筑的测量精度要求高于非装配式工业建筑。

对同类建筑物和构筑物来说，测设整个建筑物和构筑物的主轴线，以便确定其相对其他地物的位置关系时，其测量精度要求可相对低一些；而测设建筑物和构筑物内部有关联的轴线，以及在进行构件安装放样时，精度要求则相对高一些；如要对建筑物和构筑物进行变形观测，为了发现位置和高程的微小变化量，测量精度要求更高。

为了满足较高的施工测量精度要求，应使用经过检校的测量仪器和工具进行测量作业，测量作业的工作程序应符合"先整体后局部、先控制后细部"的一般原则，内业计算和外业测量时应"边工作边校核"，防止出错，测量方法和精度应符合有关的测量规范和施工规范的要求。

2. 测量与施工进度关系密切

施工测量直接为工程的施工服务，一般每道工序施工前都要先进行放样测量。为了不影响施工的正常进行，应按照施工进度及时完成相应的测量工作。特别是现代工程项目，其规模大、机械化程度高、施工进度快，对放样测量的密切配合提出了更高的要求。

在施工现场，各工序经常交叉作业，运输频繁，并有大量土方填挖和材料堆放，这使测量作业的场地条件受到影响，如视线被遮挡、测量桩点被破坏等。因此，各种测量标志必须埋设稳固，并设在不易破坏和碰动的位置。此外，还应经常检查，如有损坏，应及时恢复，以满足现场施工测量的需要。

为了满足施工进度对测量的要求，应提高测量人员的操作熟练程度，并要求测量小组各成员之间配合良好。另外，应事先根据设计图纸、施工进度、现场情况和测量仪器设备条件，研究采用效率最高的测量方法，并准备好所有相应的测设数据。一旦具备作业条件，就应尽快进行测量，在最短的时间内完成测量工作。

任务二　测设的基本工作

测设是最主要的施工测量工作，它与测定一样，也是确定地面上点的位置，只不过程序刚好相反，即把建筑物和构筑物的特征点由设计图纸标定到实际地面上去。在测设过程中，也是通过测设设计点与施工控制点或现有建筑物之间的水平距离、水平角和高差，将该设计点在地面上的位置标定出来。因此，水平距离、水平角和高程是测设的基本要素，或者说测设的基本工作是水平距离测设、水平角测设和高程测设。

一、水平距离测设

水平距离测设是从现场上的一个已知点出发，沿给定的方向，按已知的水平距离量距在地面上标出另一个端点。水平距离测设的方法有钢尺丈量法、视距测量法和全站仪测距法等。目前，建筑施工测量中最常用的是钢尺丈量法和全站仪测距法。

1. 钢尺丈量法

(1)一般方法。当已知方向在现场已用直线标定，且测设的已知水平距离小于钢卷尺的长度时，测设的一般方法很简单，只需将钢尺的零端与已知始点对齐，沿已知方向水平拉紧拉直钢尺，使钢尺上读数等于已知水平距离的位置定点即可。为了校核和提高测设精度，可将钢尺移动 10～20 cm，用钢尺始端的另一个读数对准已知始点，再测设一次，定出另一个端点，若两次点位的相对误差在限差(1/3 000～1/5 000)以内，则取两次端点的平均位置作为端点的最后位置。如图 6-2 所示，A 为已知始点，A 至 B 为已知方向，D 为已知水平距离，P'为第一次测设所定的端点，P''为第二次测设所定的端点，则 P'和 P''的中点 P 即最后所定的点。AP 即所要测设的水平距离 D。

若已知方向在现场已用直线标定，而已知水平距离大于钢卷尺的长度，则沿已知方向依次水平丈量若干个尺段，在尺段读数之和等于已知水平距离处定点即可。

为了校核和提高测设精度，同样应进行两次测设，然后取中定点，方法同上。

图 6-2　距离测设的一般方法

当已知方向没有在现场标定出来，只是在较远处给出另一定向点时，则要先定线再量距。对建筑工程来说，若始点与定向点的距离较短，一般可用拉一条细线绳的方法定线；若始点与定向点的距离较长，则要用经纬仪定线，方法是将经纬仪安置在 A 点上，对中整平，照准远处的定向点，固定照准部，望远镜视线即已知方向，沿此方向一边定线一边量距，使终点至始点的水平距离等于要测没的水平距离，并且位于望远镜的视线上。

(2)精密方法。当测设精度要求较高(1/5 000～1/10 000 以上)时，必须考虑尺长改正、温度改正和倾斜改正，还要使用标准拉力来拉钢尺，这样才能达到要求。

如图 6-3 所示，A 是始点，D 是设计的已知水平距离，精密测设一般分两步完成，第一步是按一般方法测设该已知水平距离，在地面上临时定出另一个端点 P'；第二步是按精密钢尺丈量法，精确测量出 AP'的水平距离 D'，根据 D'与 D 的差值 $\Delta D=D'-D$ 沿 AP'方向进行改正。若 ΔD 为正值，说明实际测设的水平距离大于设计值，应从 P'往回改正 ΔD，即可得到附合准确的 P 点；反之，若 AD 为负值，则应从 P'往前改正 ΔD 再定点。

2. 全站仪测距法

如图 6-4 所示，在 A 点安置全站仪，进入距离测量模式，输入温度、气压和棱镜常数。照准测设方向上的另一点 P，用望远镜视线指挥棱镜立在测设的方向 AP 上，按平距(HD)测量键，根据测量的距离与设计的放样距离之差，指挥棱镜前后移动。当距离差为 0 时，打桩定点(B)，则 AB 即测设的距离。

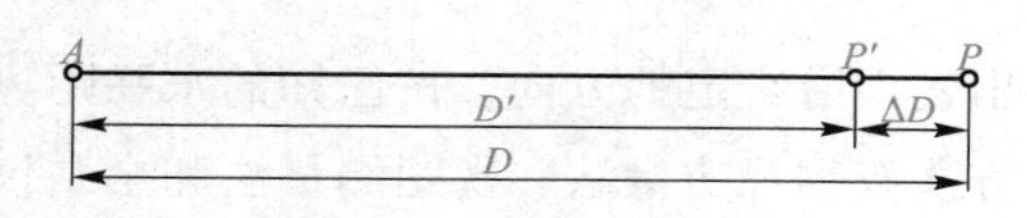

图 6-3　距离测设的精密方法

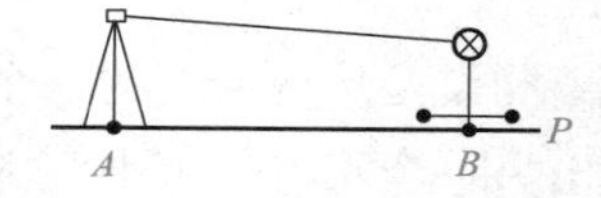

图 6-4　全站仪测设水平距离

二、水平角测设

水平角测设是根据地面上已有的一个点和从该点出发的一个已知方向，按设计的已知水平角值，在地面上标定出另一个方向。水平角测设的仪器工具主要是经纬仪，测设时按精度要求不同，分为一般方法和精密方法。

1. 一般方法

如图 6-5 所示，设 O 为地面上的已知点，OA 为已知方向，要按顺时针方向测设已知水平角 β（如 89°54′18″），测设方法是：

(1)在 O 点安置经纬仪，对中整平。

(2)在盘左状态下瞄准 A 点，调整水平度盘配置手轮，使水平度盘读数为 0°00′00″，然后旋转照准部，当水平度盘读数为 β（如 89°54′18″）时，固定照准部，在此方向上合适的位置定出 B' 点。

(3)倒转望远镜成盘右状态，用同样的方法测设 β 角，定出 B'' 点。

(4)取 B' 和 B'' 的中点 B，则 $\angle AOB$ 就是要测设的水平角。

采用盘左和盘右两种状态进行水平角测设并取其中点，可以校核所测设的角度是否有误，同时可以消除由于经纬仪视准轴与横轴不垂直，以及横轴与竖轴不垂直等仪器误差所引起的水平角测设误差。

如果按逆时针方向测设水平角，则旋转照准部，使水平度盘读数为 360°减去所要测设的角值（如上例为 360°－89°54′18″＝270°05′42″），在此方向上定点。为了减少计算工作量和操作方便，也可在照准已知方向点时，将水平度盘读数配置为所要测设的角值（如上例中的 89°54′18″），然后旋转照准部，在水平度盘读数为 0°00′00″时定点。

2. 精密方法

当测设水平角精度要求较高时，也和精密测设水平距离一样，分两步进行。如图 6-6 所示，第一步是在盘左状态下按一般方法测设已知水平角，定出一个临时点 B'。第二步是用测回法精密测量出 $\angle AOB'$ 的水平角 β'（精度要求越高，则测回数越多），设 β 与已知值 β' 的差为 $\Delta\beta=\beta'-\beta$，若 $\Delta\beta$ 超出了限差要求（±10″），则应对 B' 进行改正。改正方法是先根据 β' 和 AB' 的长度，计算从 B' 至改正后的位置 B 的距离。

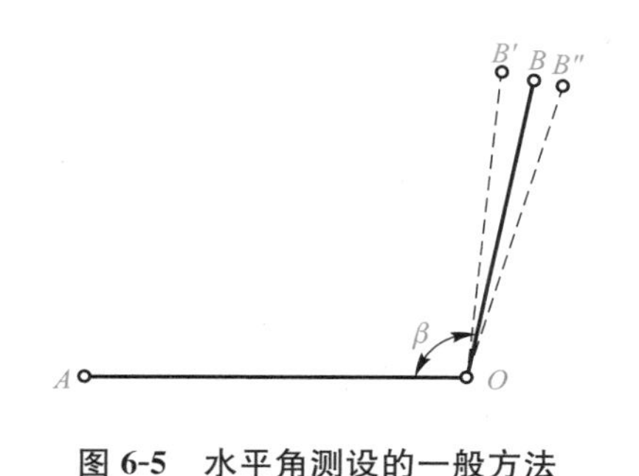

图 6-5　水平角测设的一般方法

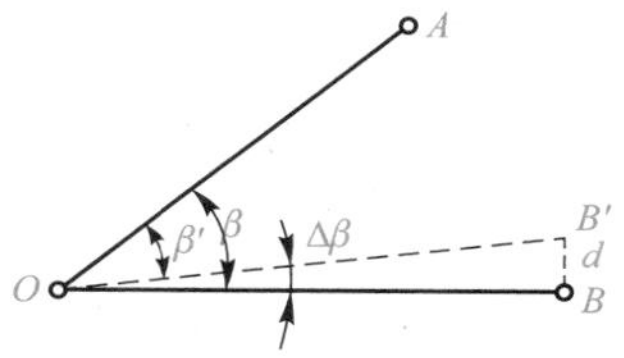

图 6-6　水平角测设的精密方法

$$d=AB \cdot \frac{\Delta\beta'}{\rho} \tag{6-1}$$

式中，$\rho=206\ 265''$，$\Delta\beta$以秒为单位。

在现场过B'作AB'的垂线，若$\Delta\beta$为正值，说明实际测设的角值比设计角值大，应沿垂线往内改正距离d；反之，若$\Delta\beta$为负值，则应沿垂线往外改正距离d，改正后得到B点，$\angle AOB$即符合精度要求的测设角。

3. 用简易方法测设直角

在小型、简易型以及临时建筑和构筑物的施工过程中，经常需要测设直角。如果测设水平角的精度要求不高，也可以不用经纬仪，而用钢尺或皮尺，按简易方法进行测设。

(1)用勾股定理法测设直角。如图6-7所示，勾股定理指直角三角形斜边(弦)的平方等于对边(股)与底边(勾)的平方和，即$c^2=a^2+b^2$。

据此原理，只要使现场上一个三角形的三条边长满足上式，该三角形即直角三角形，从而得到想要测设的直角。

在实际工作中，最常用的做法是利用勾股定理的特例"勾3股4弦5"测设直角。如图6-8所示，设AB是现场上已有的一条边，要在A点测设与AB成90°的另一条边，做法是先用钢尺在AB线上量取3 m定出P点，再以A点为圆心，以4 m为半径长在地面上画圆弧，然后以P点为圆心，以5 m为半径长在地面上画圆弧，两圆弧相交于C点，则$\angle BAC$即直角。

也可用一把皮尺，将刻划为0 m和12 m处对准A点，在刻划为4 m和9 m处同时拉紧皮尺，并让刻划为4 m处对准直线AB上的任意位置，在刻划为9 m处定点C，则$\angle BAC$便是直角。

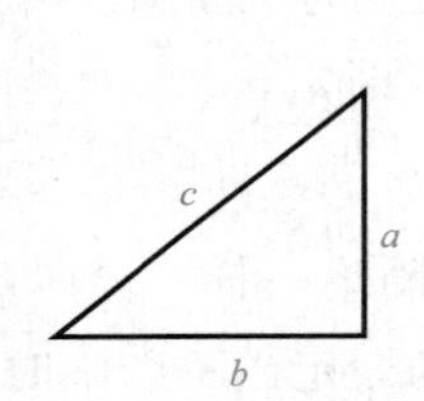

图6-7　勾股定理示意

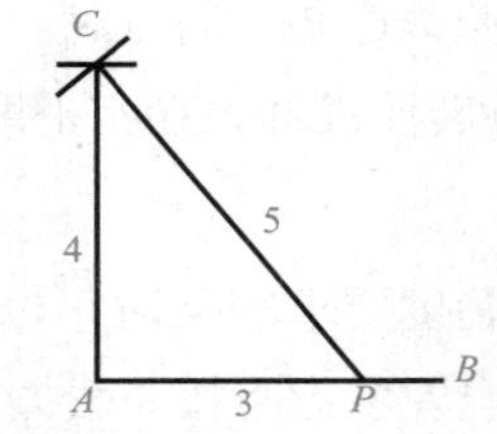

图6-8　用勾股定理测设直角

如果要求直角的两边较长，可将各边长保持"3∶4∶5"的比例，同时放大若干倍，再进行测设。

(2)用中垂线法测设直角。如图6-9所示，AB是现场上已有的一条边，要过P点测设与AB成90°的另一条边，可用钢尺在直线AB上定出与P点距离相等的两个临时点A'和B'，再分别以A'和B'为圆心，以大于PA'的长度为半径，画圆弧相交于C点，则PC为$A'B'$的中垂线，即PC与AB成90°。

三、高程测设

高程测设是根据邻近已有的水准点或高程标志，在现场标定出某设计高程的位置。高程测设是施工测量中常见的工作内容，一般用水准仪进行。

1. 高程测设的一般方法

如图 6-10 所示，某点 P 的设计高程为 $H_P=81.200$ m，附近一水准点 A 的高程为 $H_A=81.345$ m，现要将 P 点的设计高程测设在一个木桩上，其测设步骤如下：

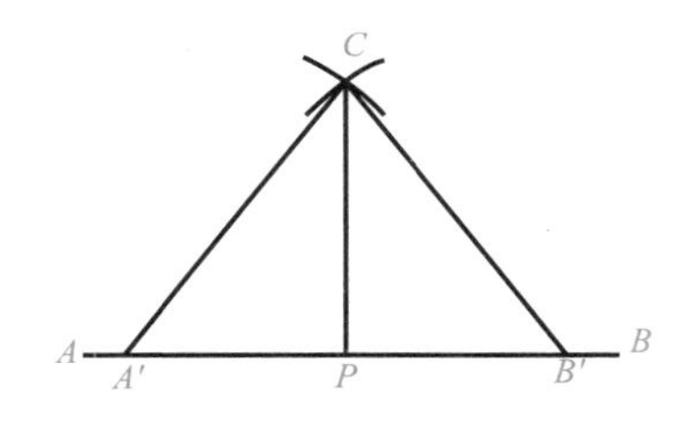

图 6-9　用中垂线法测设直角

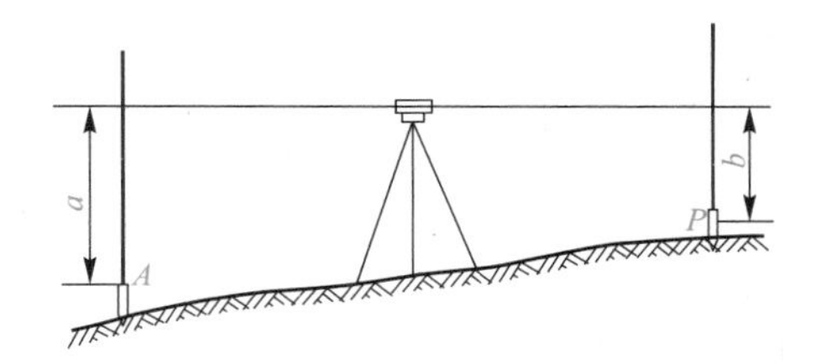

图 6-10　高程测设的一般方法

(1)在水准点 A 和 P 点木桩之间安置水准仪，后视立于水准点上的水准尺，调节符合气泡居中，读中线读数 $a=1.458$ m。

(2)计算水准仪前视 P 点木桩水准尺的应读读数 b。根据图 6-10 可列出下式：

$$b=H_A+a-H_P \tag{6-2}$$

将有关的各数据代入上式得：

$$b=81.345+1.458-81.200=1.603(\text{m})$$

(3)前视靠在木桩一侧的水准尺，调节符合气泡居中，上、下移动水准尺，当读数恰好为 $b=1.603$ m 时，在木桩侧面沿水准尺底边画一横线，此线就是 P 点的设计高程 81.200 m。也可先计算视线高程 $H_{视}$，再计算应读读数 b，即

$$H_{视}=H_A+a \tag{6-3}$$

$$b=H_{视}-H_P \tag{6-4}$$

这种算法的好处是，当在一个测站上测设多个设计高程时，先按式(6-3)计算视线高程 $H_{视}$，然后每测设一个新的高程，只需将各个新的设计高程代入，便可得到相应的前视水准尺应读读数。该算法简化了计算工作，因此在实际工作中用得更多。

2. 钢尺配合水准仪进行高程测设

当需要向深坑底或高楼面测设高程时，因水准尺长度有限，中间又不便安置水准仪转站观测，可用钢尺配合水准仪进行高程的传递和测设。

如图 6-11 所示，已知高处水准点 A 的高程 $H_A=95.267$ m，需测设低处 P 的设计高程 $H_P=88.600$ m。施测时，用检定过的钢尺，挂一个与要求拉力相等的重锤，悬挂在支架上，零点一端向下，先在高处安置水准仪，读取 A 点上水准尺的读数 $a_1=1.642$ m 和钢尺上的读数 $b_1=9.216$ m。然后，在低处安置水准仪，读取钢尺上的读数 $a_1=1.358$ m，可得低处 P 点上水准尺的应读读数 b_2 的计算式为

$$b_2=H'_A-a_1-(b_1-a_2)-H_P \tag{6-5}$$

由该式算得

$$b_2=95.267+1.642-(9.216-1.358)-88.600=0.451(\mathrm{m})$$

上、下移动低处 P 的水准尺，当读数恰好为 $b_2=0.735$ m 时，沿尺底边画一横线，即设计高程标志。

从低处向高处测设高程的方法与此类似。如图 6-12 所示，已知低处水准点 A 的高程 H_A，需测设高处 P 的设计高程 H_P，先在低处安置水准仪，读取读数 a_1 和 b_1，再在高处安置水准仪，读取读数 a_2，则高处水准尺的应读读数 b_2 为

$$b_2=H_A+a_1+(a_2-b_1)-H_P \tag{6-6}$$

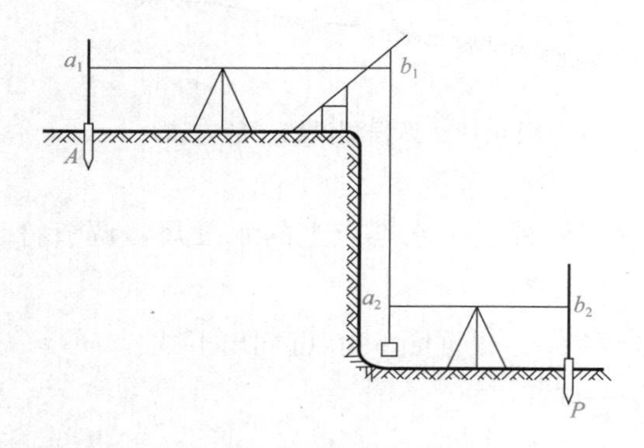

图 6-11　用悬挂钢尺法往基坑下测设高程

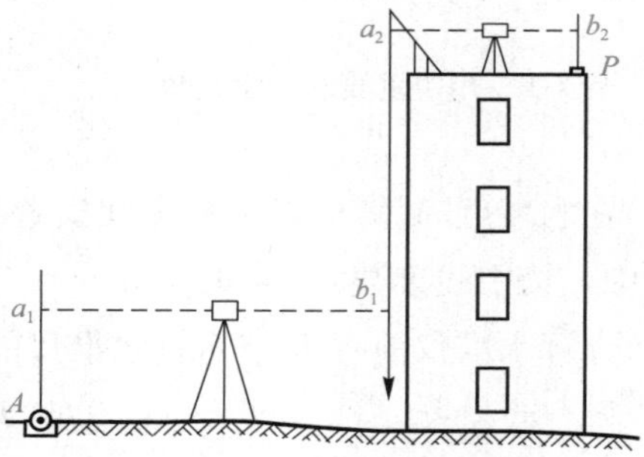

图 6-12　用悬挂钢尺法往楼面上测设高程

钢尺配合水准仪进行高程测设，将式(6-5)、式(6-6)与式(6-2)比较，只是中间多了一个往下(b_1-a_2)或往上(a_2-b_1)传递水准仪视线高程的过程。如果现场不便直接测设高程，也可先用钢尺配合水准仪将高程引测到低处或高处的某个临时点上，再在低处或高处按一般方法进行高程测设。

3. 简易高程测设法

在施工现场，当距离较短、精度要求不太高时，施工人员常利用连通管原理，用一条装了水的透明胶管，代替水准仪进行高程测设，其方法如下：

如图 6-13 所示，设墙上有一个高程标志 A，其高程为 H_A，想在附近的另一面墙上，测设另一个高程标志 P，其设计高程为 H_P。将装了水的透明胶管的一端放在 A 点处，将另一端放在 P 点处，同时抬高两端或者降低水管，使 A 端水管水面与高程标志对齐，在 P 处与水管水面对齐的高度作一临时标志 P'，则 P' 高程等于 H_A；然后，根据设计高程与已知高程的差 $\mathrm{d}h=H_P-H_A$，以 P' 为起点垂直往上($\mathrm{d}h$ 大于 0 时)或往下($\mathrm{d}h$ 小于 0 时)量取 $\mathrm{d}h$，作标志 P，则此标志的高程为设计高程。

例如，若 $H_A=48.764$ m，$H_P=48.000$ m，$\mathrm{d}h=48.000-48.764=-0.764(\mathrm{m})$，按上述方法标出与 H_A 同高的 P' 点后，再往下量 0.764 m 定点即设计高程标志。

使用这种方法时，应注意水管内不能有气泡，在观察管内水面与标志是否同高时，应使眼睛与水面高度一致。另外，不宜连续用此法往远处传递和测设高程。

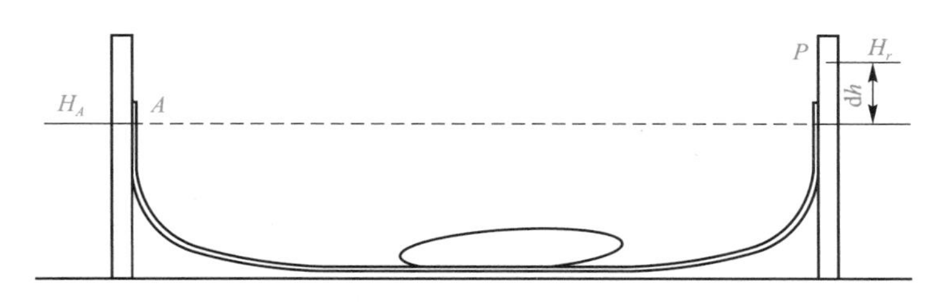

图 6-13 利用连通水管原理进行高程测设

四、测设直线

在施工过程中，经常需要在两点之间测设直线或将已知直线延长。由于现场条件不同和要求不同，有多种不同的测设方法，应根据实际情况灵活应用。下面介绍一些常用的测设方法。

1. 在两点间测设直线

在两点间测设直线是最常见的情况。如图 6-14 所示，A、B 为现场上已有的两个点，欲在其间再定出若干个点，这些点应与 A、B 位于同一直线，或再根据这些点在现场标绘出一条直线。

(1)一般测设法。如果两点之间能通视，并且在其中一个点上能安置经纬仪，则可用经纬仪定线法进行测设。先在其中一个点上安置经纬仪，照准另一个点，固定照准部，再根据需要，在现场合适的位置立测钎，用经纬仪指挥测钎左、右移动，直到恰好与望远镜竖丝重合时定点，该点即位于 AB 直线上，同法依次测设出其他直线点。如果需要，则可在每两个相邻直线点之间用拉白线、弹墨线和撒灰线的方法，在现场将此直线标绘出来，作为施工的依据。

如果经纬仪与直线上的部分点不通视，例如图 6-15 中深坑下面的 P_1、P_2 点，则可先在与 P_1、P_2 点通视的地方(如坑边)测设一个直线点 C，再搬站到 C 点测设 P_1、P_2 点。

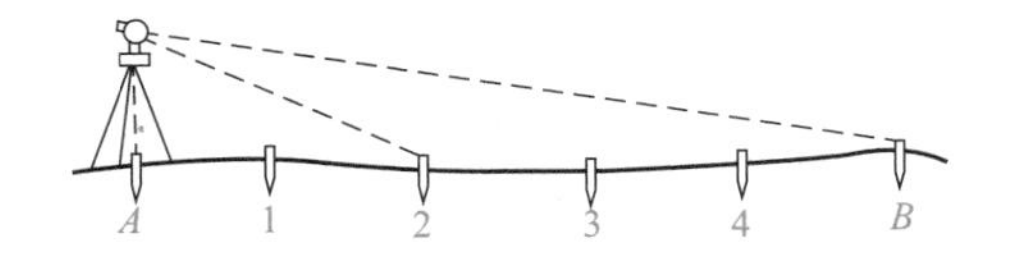

图 6-14 用经纬仪测设直线

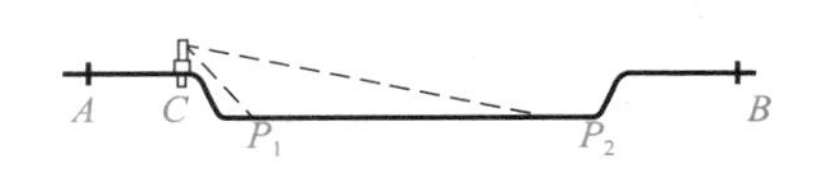

图 6-15 往深坑下测设直线

一般测设法通常只需在盘左(或盘右)状态下测设一次即可，但应在测设完所有直线点后，重新照准另一个端点，检验经纬仪直线方向是否发生了偏移；如有偏移，应重新测设。此外，如果测设的直线点较低或较高(如深坑下的点)，应在盘左和盘右状态下各测设一次，然后取两次的中点作为最后结果。

(2)正倒镜投点法。如果两点之间不通视，或者两个端点处均不能安置经纬仪，可采用正倒镜投点法测设直线。如图 6-16 所示，A、B 为现场上互不通视的两个点，需在地面上测设以 A、B 为端点的直线，测设方法如下：

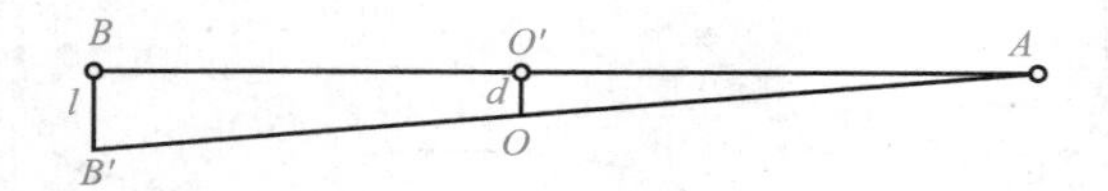

图 6-16　用正倒镜投点法测设直线

在 A、B 之间选一个能同时与两端点通视的 O 点处安置经纬仪，尽量使经纬仪中心在 A、B 的连线上，最好是与 A、B 的距离大致相等。盘左(也称为正镜)瞄准 A 点并固定照准部，再倒转望远镜观察 B 点，若望远镜视线与 B 点的水平偏差为 $BB'=l$，则根据距离 OB 与 AB 的比，计算经纬仪中心偏离直线的距离 d：

$$d=l\cdot\frac{OA}{AB} \tag{6-7}$$

然后将经纬仪从 O 点往直线方向移动距离 d，重新安置经纬仪并重复上述步骤的操作，使经纬仪中心逐次趋近直线方向。

最后，当瞄准 A 点时，倒转望远镜便正好瞄准 B 点，不过这并不等于仪器一定就在 AB 直线上，这是因为仪器存在误差。因此还需要用盘右(也称为倒镜)瞄准 A 点，再倒转望远镜，看是否也正好瞄准 B 点。如果是，则证明正倒镜无仪器误差，且经纬仪中心已位于 AB 直线上。如果不是，则仪器有误差，这时可松开中心螺栓，轻微移动仪器，使正镜与倒镜观测时，十字丝的纵丝分别落在 B 点两侧，并对称于 B 点。这样就使仪器精确位于 AB 直线上，这时即可用前面所述的一般方法测设直线。

正倒镜投点法的关键是用逐渐趋近法将仪器精确安置在直线上，在实际工作中，为了减少通过搬动脚架来移动经纬仪的次数，提高作业效率，在安置经纬仪时，可按图 6-17 所示的经纬仪脚架摆放方式安置脚架，使一个脚架与另外两个脚架中点的连线与所要测设的直线垂直，当经纬仪中心需要往直线方向移动的距离不太大(10～20 cm 以内)时，可通过伸缩该脚架来移动经纬仪，而当移动的距离更小(2～3 cm 以内)时，只需在脚架头上移动仪器即可。

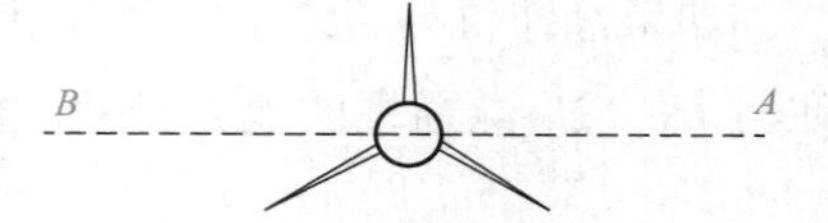

图 6-17　经纬仪脚架摆放方式

按式(6-7)计算偏离直线的距离 d 时，有关数据和结果并不需要非常准确，甚至可以直接目估距离 d，因为主要是靠不断的趋近操作使仪器严格处于直线上。为了提高精度，应使用检验校正过的经纬仪，并且用盘左和盘右进行最后的趋近操作。

(3)直线加吊锤法。当距离较短时，也可用一条细线绳，连接两个端点便得到所要测设的直线。如果地面高低不平或局部有障碍物，应将细线绳抬高，以免碰线。此时，要用吊锤线将地面点引至适宜的高度再拉线，拉好线后，还要用吊锤线将直线引到地面上，如图 6-18 所示。用细线绳和吊锤线测设直线方法简便，在施工现场用得很普遍。用经纬仪测设直线时，也经常需要这些简易工具的配合。

2. 延长已知直线

如图 6-19 所示，在现场有已知直线 AB 需要延长至 C，根据 BC 是否通视，以及经纬仪设站位置的不同，有几种不同的测设方法。

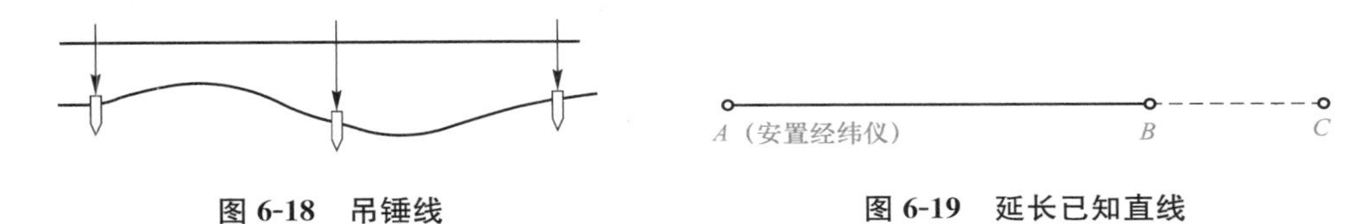

图 6-18　吊锤线　　　　图 6-19　延长已知直线

(1)顺延法。在 A 点安置经纬仪，照准 B 点，抬高望远镜，用视线(纵丝)指挥在现场上定出 C 点即可。这个方法与两点间测设直线的一般方法基本一样，但由于测设的直线点在两端点以外，因此更要注意测设精度问题。延长线长度一般不要超过已知直线的长度，否则误差较大。当延长线长度较长或地面高差较大时，应用盘左、盘右各测设一次。

(2)倒延法。当 A 点无法安置经纬仪，或者 A、C 距离较远，使从 A 点用顺延法测设 C 点的照准精度降低时，可以用倒延法测设。如图 6-20 所示，在 B 点安置经纬仪，照准 A 点，倒转望远镜，用视线指挥在现场上定出 C 点。为了消除仪器误差，应用盘左和盘右各测设一次，取两次的中点。

(3)平行线法。当延长直线上不通视时，可用测设平行线的方法，延过障碍物。如图 6-21 所示，AB 是已知直线，先在 A 点和 B 点以合适的距离 d 作垂线，得 A' 和 B'；再将经纬仪安置在 A'(或 B')，用顺延法(或倒延法)测设 $A'B'$ 直线的延长线，得 C' 和 D'；然后，分别在 C' 和 D' 以距离 d 作垂线，得 C 和 D，则 CD 是 AB 的延长线。

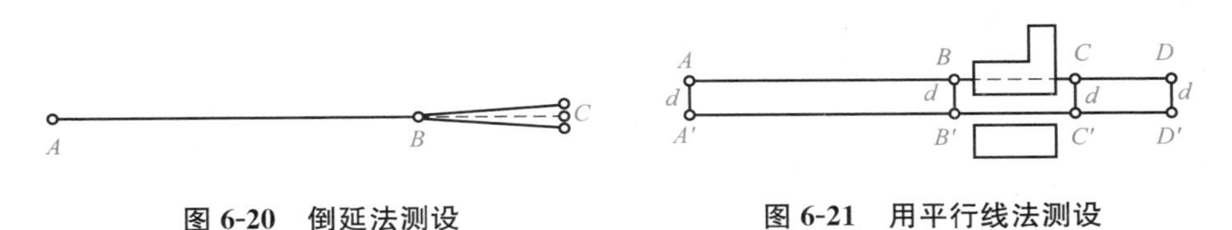

图 6-20　倒延法测设　　　　图 6-21　用平行线法测设

五、测设坡度线

在平整场地、铺设管道及修筑道路等工程中，往往要按一定的设计坡度(倾斜度)进行施工，这时需要在现场测设坡度线，作为施工的依据。根据坡度大小和场地条件，**测设坡度线的方法有水平视线法和倾斜视线法**。

1. 水平视线法

当坡度不大时，可采用水平视线法。如图 6-22 所示，A、B 为设计坡度线的两个端点，A 点的设计高程为 $H_A=56.487$ m，坡度线长度(水平距离)为 $D=110$ m，设计坡度为

-1.5%，要求在 AB 方向上每隔距离 $d=20$ m 打一个木桩，并在木桩上定出一个高程标志，使各相邻标志的连线符合设计坡度。设附近有一水准点 M，其高程为 $H_M=56.128$ m，测设方法如下：

(1)在地面上沿 AB 方向，依次测设间距为 d 的中间点 1、2、3、4、5，在点上打好木桩。

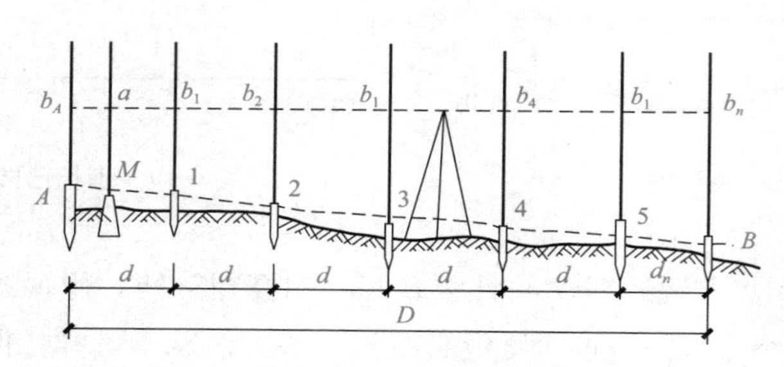

图 6-22　用水平视线法测设坡度线

(2)计算各桩点的设计高程。

先计算按坡度 i 每隔距离 d 相应的高差：

$$h=i\cdot d=-1.5\%\times 20=-0.3(\mathrm{m})$$

再计算各桩点的设计高程，其中

第 1 点：　　$H_1=H_A+h=56.487-0.3=56.187(\mathrm{m})$

第 2 点：　　$H_2=H_1+h=56.187-0.3=55.887(\mathrm{m})$

用同样的方法算出其他各点的设计高程为 $H_3=55.587$ m，$H_4=55.287$ m，$H_5=54.987$ m，最后根据 H_5 和剩余的距离计算 B 点的设计高程 $H_B=54.987+(-1.5\%)\times(110-100)=54.837(\mathrm{m})$。

注意，B 点的设计高程也可用下式算出：

$$H_B=H_A+i\cdot D$$

此式用来检核上述计算是否正确，例如，这里为 $H_B=56.487+(-1.5\%)\times 110=54.837(\mathrm{m})$，说明高程计算正确。

(3)在合适的位置(与各点通视，距离相近)安置水准仪，后视水准点上的水准尺，设读数盘读数 $a=0.866$ m，先代入式(6-3)计算仪器视线高：

$$H_{视}=H_A+a=56.128+0.866=56.994(\mathrm{m})$$

再根据各点的设计高程，依次代入式(6-4)，计算测设各点时的应读前视读数。例如，A 点为 $b_A=H_{视}-H_A=56.994-56.487=0.507(\mathrm{m})$，1 号点为 $b_1=H_{视}-H_A=56.994-56.187=0.807(\mathrm{m})$。

同理，得 $b_2=1.107$ m，$b_3=1.407$ m，$b_4=1.707$ m，$b_5=2.007$ m，$b_B=2.157$ m。

(4)水准尺依次贴靠在各木桩的侧面，上、下移动尺子，直至尺子读数为 b 时，沿尺底在木桩上画一横线，该线即在 AB 坡度线上。也可将水准尺立于桩顶，读前视读数 b'，再根据应读读数和实际读数的差 $L=b-b'$，用小钢尺自桩顶往下量取高度 L 画线。

2. 倾斜视线法

当坡度较大时，坡度线两端高差太大，不便按水平视线法测设。这时，可采用倾斜视线法。如图 6-23 所示，A、B 为设计坡度线的两个端点，A 点的设计高程为 $H_A=132.600$ m，坡度线长度水平距离为 $D=80$ m，设计坡度为 $i=-10\%$，附近有一水准点 M，其高程为 $H_M=131.958$ m，测设方法如下：

(1)根据 A 点的设计高程、坡度 i 及坡度线长度 D，计算 B 点的设计高程，即

$$H_B=H_A+iD=132.600-10\%\times80=124.600(\text{m})$$

(2)按测设已知高程的一般方法，将 A、B 两点的设计高程测设在地面的木桩上。

(3)在 A 点(或 B 点)上安置水准仪，使基座上的一个脚螺旋在 AB 方向上，其余两个脚螺旋的连线与 AB 方向垂直，如图 6-24 所示，粗略对中并调节与 AB 方向垂直的两个脚螺旋基本水平，量取仪器高(设 $L=1.453$ m)。通过转动 AB 方向上的脚螺旋和微倾螺旋，使望远镜十字丝的横丝对准 B 点(或 A 点)水准尺上等于仪器高(1.453 m)处。此时，仪器的视线与设计坡度线平行，同一点上视线比设计坡度线高 1.453 m。

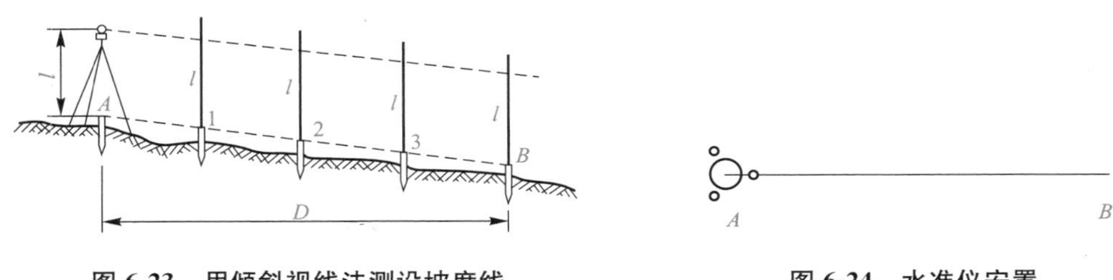

图 6-23 用倾斜视线法测设坡度线　　**图 6-24 水准仪安置**

(4)在 AB 方向的中间各点 1、2、3、…的木桩侧面立水准尺，上、下移动水准尺，直至尺上读数等于仪器高(1.453 m)时，沿尺底在木桩上画线，则各桩画线的连线就是设计坡度线。

由于经纬仪可方便地照准不同高度和不同方向的目标，因此也可在一个端点上安置经纬仪来测设各点的坡度线标志，这时经纬仪可按常规对中整平和量仪器高，直接照准立于另一个端点水准尺上等于仪器高的读数，固定照准部和望远镜，得到一条与设计坡度线平行的视线，据此视线在各中间桩点上绘坡度线标志线的方法同水准仪法。

任务三　建筑施工控制测量

建筑施工测量也应遵循“从整体到局部，先控制后碎部”的原则，以统一测量坐标系统和限制测量误差的积累，保证各建筑物的位置及形状符合设计要求。根据这个原则，建筑

施工测量的第一步，就是在建筑场地上建立统一的施工控制网，布设一批具有较高精度的测量控制点，作为测设建筑物平面位置和高程的依据。

原有的为测绘地形图而建立的测图控制网可以作为施工控制网，但由于测图控制网没有考虑测设工作的需要，在控制点的分布、密度和精度上都不一定能满足施工测量的要求，而且经过场地平整后，很多控制点遭到破坏，所以，一般应在工程施工前，在原有测图控制网的基础上，重新建立专门的施工控制网。

施工控制网也分为平面控制网和高程控制网。平面控制网满足测设点的平面位置的需要；高程控制网满足测设点的高程位置的需要。平面控制网的形式除 GPS 和导线网外，还有建筑基线和建筑方格网两种形式，可以根据实际情况选用。高程控制网的形式主要是水准测量，场地高差起伏很大时，也可采用能满足精度要求的三角高程测量。

■ 一、建筑基线

建筑基线是建筑场地的施工控制基准线。在面积较小、地势较平坦的建筑场地上，通常布设一条或几条建筑基线，作为施工测量的平面控制。建筑基线布设的位置是根据建筑物的分布、原有测图控制点的情况以及现场地形情况而定的。建筑基线通常可以布设成图 6-25 中的几种形式，但无论哪种形式，**其点数均不应少于三个**，以便今后检查基线点位有无变动。

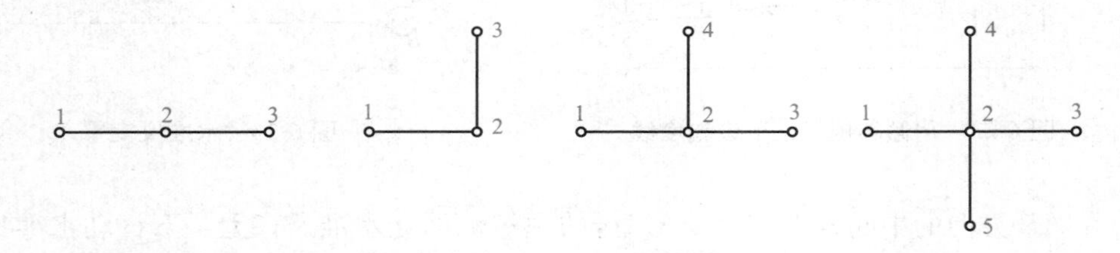

图 6-25　建筑基线的形式

建筑基线一般是先在建筑总平面图上设计，然后根据测图控制点或原有建筑物在地面上的相应位置标定出来。**在设计建筑基线时，应使其尽量靠近主要建筑物，并且平行于主要建筑物的主轴线，以便采用直角坐标法测设建筑物**。下面介绍在现场设置建筑基线的几种方法。

1. 根据控制点测设建筑基线

如图 6-26 所示，欲测设一条由 A、O、B 三个点组成的“一”字形建筑基线，先根据邻近的测图控制点 1、2，采用极坐标法将三个基线点测设到地面上，得 A'、O'、B' 三点。然后，在 O' 点安置经纬仪，观测 $\angle A'O'B'$，检查其值是否为 180°。如果角度误差大于 $\pm 10''$，说明三点不在同一直线上，应进行调整。调整时将 A'、O'、B' 沿与基线垂直的方向移动相等的距离 L，得到位于同一直线上的 A、O 、B 三点，L 的计算如下：

设 A、O 距离为 a，B、O 距离为 b，$\angle A'O'B'=\beta$，则有

$$L=\frac{ab}{a+b}\left(90°-\frac{\beta}{2}\right)''\frac{1}{\rho''}$$

式中，$\rho''=206\ 265''$。

例如，图中 $a=120$ m，$b=180$ m，$\beta=179°59'12''$，则

$$\begin{aligned}L&=\frac{120\times180}{120+180}\times\left(90°-\frac{179°59'12''}{2}\right)''\times\frac{1}{206\ 265''}\\&=72\times24''\times\frac{1}{206\ 265''}\\&=0.008(\text{m})\end{aligned}$$

调整到一条直线上后，用钢尺检查 A、O 和 B、O 的距离与设计值是否一致，若偏差大于 1/10 000，则以 O 点为基准，按设计距离调整 A、B 两点。

如果是图 6-27 所示的 L 形建筑基线，测设 A'、O、B' 三点后，在 O 点安置经纬仪，检查 $\angle A'OB'$ 是否为 90°，如果偏差值 $\Delta\beta$ 大于 $\pm20''$，则保持 O 点不动，按精密角度测设时的改正方法，将 A' 和 B' 各改正 $\Delta\beta/2$，其中 A'、B' 改正偏距 L_A、L_B 的计算式分别为

$$L_A=AO\cdot\frac{\Delta\beta}{2\rho''}$$

$$L_B=BO\cdot\frac{\Delta\beta}{2\rho''}$$

A' 和 B' 沿直线方向上的距离检查与改正方法同"一"字形建筑基线。

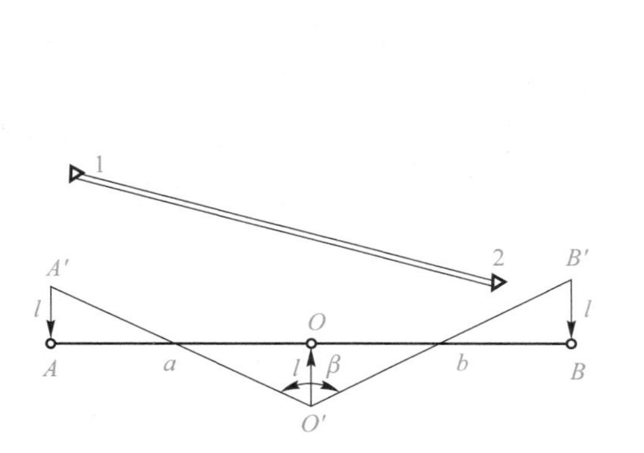

图 6-26 "一"字形建筑基线测设

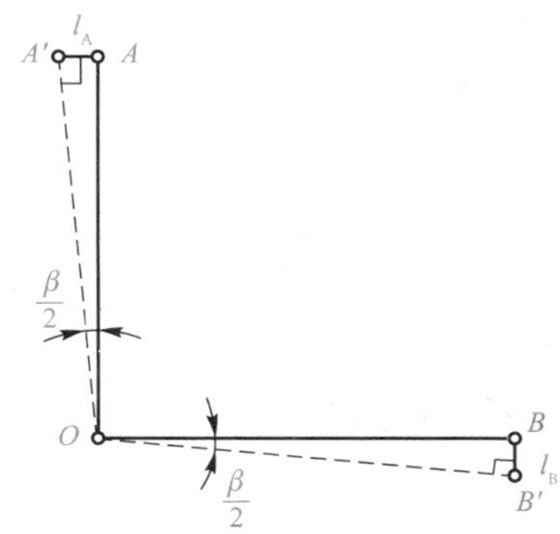

图 6-27 L 形建筑基线测设

2. 根据边界桩测设建筑基线

在城市建设区，建筑用地的边界线是由城市测绘部门根据经过审批的规划图测设的，又称为"建筑红线"，其界桩可作为测设建筑基线的依据。

如图 6-28 中的 1、2、3 点为建筑边界桩，1—2 线与 2—3 线互相垂直，根据边界线设计 L 形建筑基线 AOB。测设时采用平行线法，以距离 d_1 和 d_2，将 A、O、B 三点在实地标定出来，再用经纬仪检查基线的角度是否为 90°，用钢尺检查基线点的间距是否等于设计值，必要时对 A、B 进行改正，即可得到符合要求的建筑基线。

3. 根据建筑物测设建筑基线

在建筑基线附近有永久性的建筑物，并且建筑物的主轴线平行于建筑基线时，可以根据建筑物测设建筑基线。如图 6-29 所示，采用拉直线法，沿建筑物的四面外墙延长一定的距离，得到直线 ef 和 gh，延长这两条直线得其交点 O，然后安置经纬仪于 O 点，分别延长 fe 和 gh，使其符合设计长度，得到 A 点和 B 点，再用上面所述方法对 A 和 B 进行调整，便得到两条互相垂直的基线。

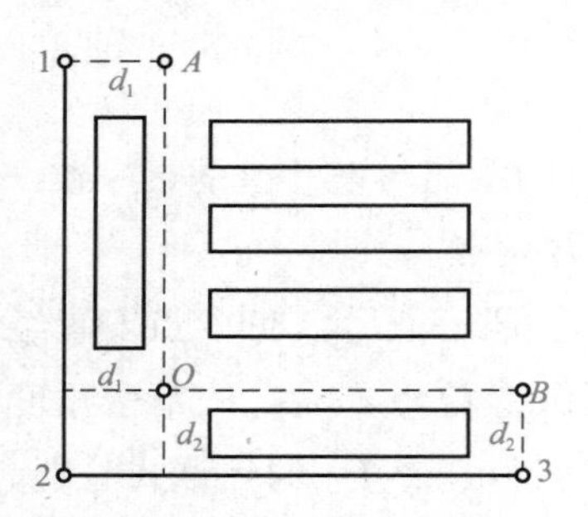

图 6-28　根据建筑红线测设建筑基线

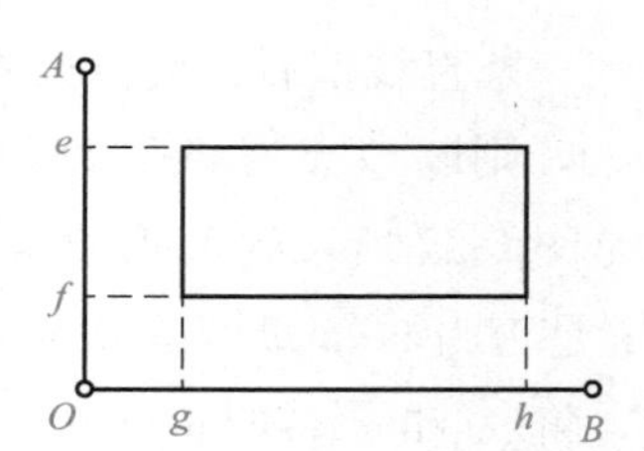

图 6-29　根据原有建筑测设建筑基线

■ 二、建筑方格网

在平坦地区建筑大中型工业厂房时，通常沿着互相平行或互相垂直的方向布置控制网点，构成正方形或矩形格网，这种施工测量平面控制网称为建筑方格网，如图 6-30 所示。建筑方格网具有使用方便、计算简单、精度较高等优点，它不仅可以作为施工测量的依据，还可以作为竣工总平面图施测的依据。建筑方格网的布置和测设较为复杂，一般由专业测量人员进行。

■ 三、测量坐标系统与施工坐标系统换算

1. 施工坐标系统

在设计总平面图上，建筑物的平面位置一般用施工坐标系统的坐标来表示，坐标轴的方向与主建筑物轴线的方向平行，坐标原点设置在总平面图的西南角上，使所有建筑物的设计坐标均为正值。有的厂区建筑因受地形限制，不同区域建筑物的轴线方向不同，因而在不同区域采用不同的施工坐标系统。

为与原测量坐标系统区别开来，规定施工坐标系统的 z 轴改名为 A 轴，y 轴改名为 B 轴，并在总平面图上每隔图上 10 cm 绘一条坐标格网线，如图 6-31 所示。建筑基线和建筑方格网一般采用施工坐标系统，与原测量坐标系统不一致。在测量工作中，经常需要将一些点的施工坐标换算为测量坐标，或者将测量坐标换算为施工坐标，下面就介绍换算方法。

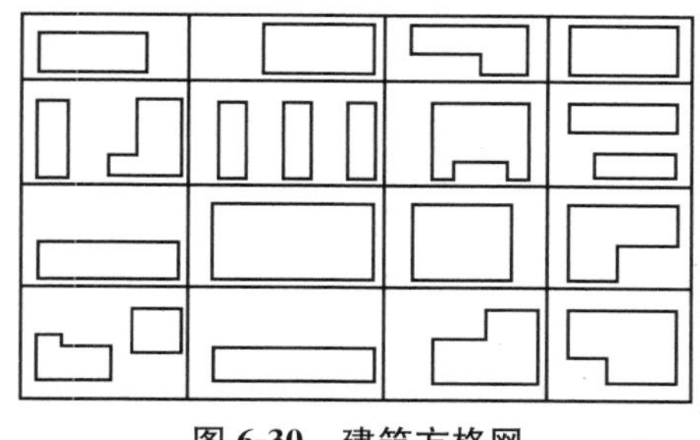

图 6-30　建筑方格网

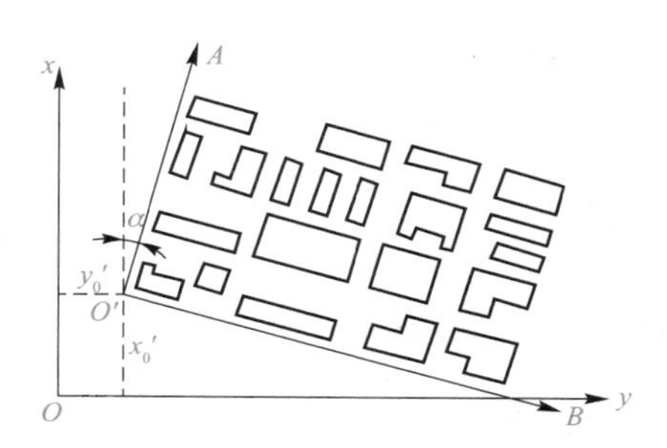

图 6-31　测量坐标系统与施工坐标系统

2. 换算参数

如图 6-32 所示，测量坐标系统为 XOy，施工坐标系统为 $AO'B$，两者的关系由施工坐标系统的原点 O' 的测量坐标(x_O，y_O)及 $O'A$ 轴的坐标方位角 α 确定，它们是坐标换算的重要参数。这三个参数一般由设计单位给出，若设计单位未给出参数，而是给出两个点的施工坐标和测量坐标，则可反算出换算参数。

如图 6-33 所示，P_1、P_2 两点在测量坐标系统中的坐标为(x_1、y_1)和(x_2、y_2)，在施工坐标系统中的坐标为(A_1、B_1)和(A_2、B_2)，则可按下列公式计算(x_0'、y_0')和 α：

$$\alpha=\arctan\frac{y_2-y_1}{x_2-x_1}-\arctan\frac{B_2-B_1}{A_2-A_1} \tag{6-8}$$

$$\begin{cases} x_0'=x_2-A_2'\cdot\cos\alpha+B_2\cdot\sin\alpha \\ y_0'=y_2-A_2\cdot\sin\alpha-B_2\cdot\cos\alpha \end{cases} \tag{6-9}$$

3. 施工坐标与测量坐标之间的换算

如图 6-33 所示，P 点在测量坐标系统中的坐标为(x_P、y_P)，在施工坐标系统中的坐标为(A_P、B_P)，施工坐标系统的原点在测量坐标系统内的坐标为(x_0'、y_0')，$O'A$ 轴与 O_x'轴的夹角(即 $O'A$ 轴在测量坐标系统内的坐标方位角)为 α，则将施工坐标系统换算为测量坐标系统的计算式为

$$\begin{cases} x_P'=x_0'+A_P\cdot\cos\alpha-B_P\cdot\sin\alpha' \\ y_P'=y_0'+A_P\cdot\sin\alpha+B_P\cdot\cos\alpha \end{cases} \tag{6-10}$$

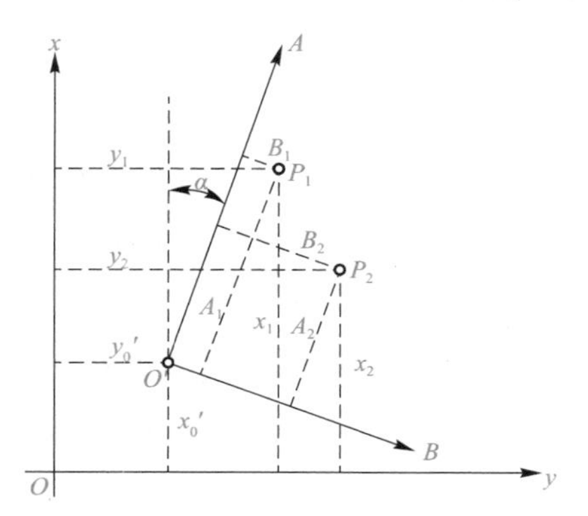

图 6-32　根据两个已知点求换算参数

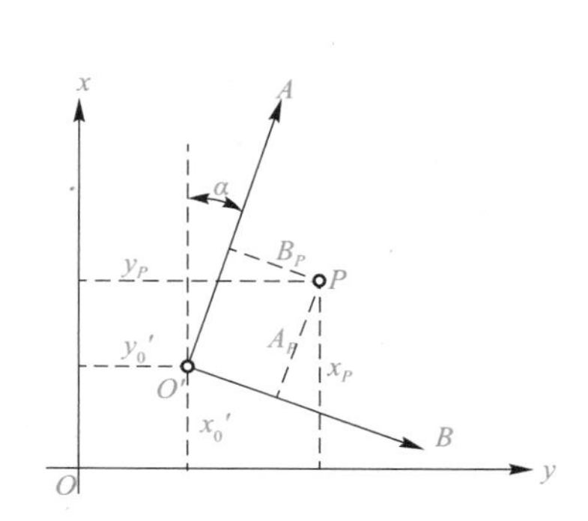

图 6-33　测量坐标系统与施工坐标系统的换算

将测量坐标系统换算为施工坐标系统的计算式为

$$\begin{cases}A_P=(x_P-x_0')\cdot\cos\alpha+(y_P-y_0')\cdot\sin\alpha\\B_P=-(x_P-x_0')\cdot\sin\alpha+(y_P-y_0')\cdot\cos\alpha\end{cases}\tag{6-11}$$

■ 四、施工测量的高程控制

在建筑场地上还应建立施工高程控制网，作为测设建筑物高程的依据。施工高程控制网点的密度，应尽可能满足安置一次仪器就可测设出所需观测点位的高程的要求。网点的位置可以实地选定并埋设稳固的标志，也可以利用施工平面控制桩点。为了检查水准点是否因受震动、碰撞和地面沉降等原因而发生高程变化，应在土质坚实和安全的地方布置三个以上的基本水准点，并埋设永久性标志。

施工高程控制网，常采用四等水准测量作为首级控制，在此基础上按相当于图根水准测量的精度进行加密，用闭合水准路线或附合水准路线测定各点的高程。大中型项目和有连续性生产车间的工业场地，应采用三等水准测量作为首级控制。对于小型施工项目的高程测量，可直接采用五等水准测量作为高程控制。

在大中型厂房的高程控制中，为了测设方便、减少误差，应在厂房附近或建筑物内部，测设若干个高程正好为室内地坪设计高程的水准点，这些点称为建筑物的±0.000水准点或±0.000标高，作为测设建筑物基础高程和楼层高程的依据。±0.000标高一般是用红油漆在标志物上绘一个倒立的三角形来表示，三角形的顶边代表±0.000标高。

任务四　民用建筑施工测量

施工测量的主要内容有以下几项：

(1)在施工前建立施工控制网。

(2)熟悉设计图纸，按设计和施工要求进行放样。

(3)检查并验收，每道工序完成后应进行测量检查。

施工测量的原则是“从整体到局部，先控制后碎部”，即首先在施工现场，以原有设计阶段所建立的控制网为基础，建立统一的施工控制网；然后，根据施工控制网来测设建筑物的轴线，再根据轴线测设建筑物的细部。

民用建筑是指住宅、医院、办公楼和学校等，民用建筑施工测量就是按照设计要求，配合施工进度，将民用建筑的平面位置和高程测设出来。民用建筑的类型、结构和层数各不相同，因而，施工测量的方法和精度要求也有所不同，但施工测量的过程是基本一样的，主要包括建筑物定位、细部轴线放样、基础施工测量和墙体施工测量等。

一、测设前的准备工作

(一)熟悉图纸

设计图纸是施工测量的主要依据，测设前应充分熟悉各种有关的设计图纸，以便了解施工建筑物与相邻地物的相互关系，以及建筑物本身的内部尺寸关系，准确无误地获取测设工作中所需要的各种定位数据。与测设工作有关的设计图纸主要有以下几种：

(1)建筑总平面图给出了建筑场地上所有建筑物和道路的平面位置及其主要点的坐标，标出了相邻建筑物之间的尺寸关系，注明了各栋建筑物室内地坪高程，它是测设建筑物总体位置和高程的重要依据，如图 6-1 所示。

(2)建筑平面图标明了建筑物首层、标准层等各楼层的总尺寸，以及楼层内部各轴线之间的尺寸关系，如图 6-34 所示，它是测设建筑建筑总平面图细部轴线的依据。

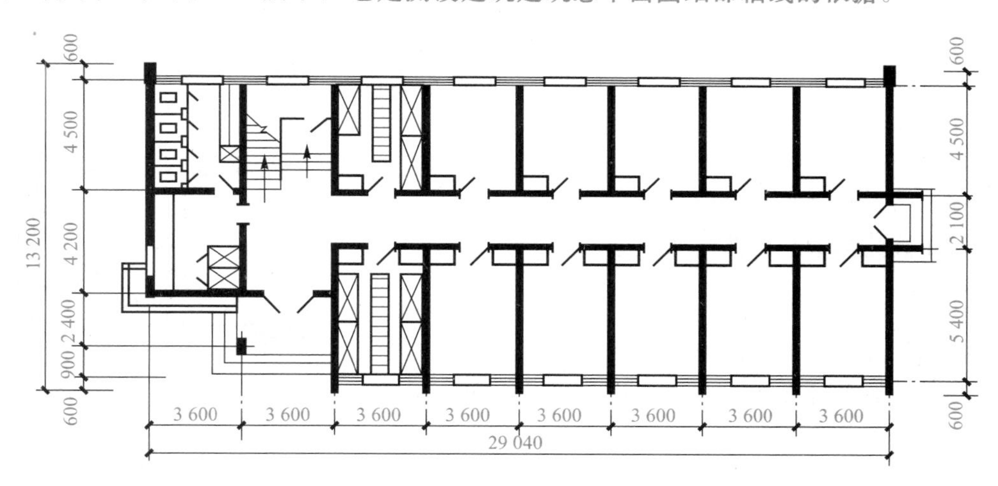

图 6-34　建筑平面图

(3)基础平面图及基础详图标明了基础形式、基础平面布置、基础中心或中线的位置、基础边线与定位轴线之间的尺寸关系、基础横断面的形状和大小以及基础不同部位的设计标高等。它们是测设基槽(坑)开挖边线和开挖深度的依据，也是基础定位及细部放样的依据，如图 6-35 所示。

(4)立面图和剖面图(图 6-36)标明了室内地坪、门窗、楼梯平台、楼板、屋面及屋架等的设计高程，这些高程通常是以±0.000 标高为起算点的相对高程。立面图和剖面图是测设建筑物各部位高程的依据。

在熟悉图纸的过程中，应仔细核对各种图纸上相同部位的尺寸是否一致，同一图纸上的总尺寸与各有关部位尺寸之和是否一致，以免发生错误。

(二)进行现场踏勘并校核定位的平面控制点和水准点

其目的是了解现场的地物、地貌以及控制点的分布情况，并调查与施工测量有关的问

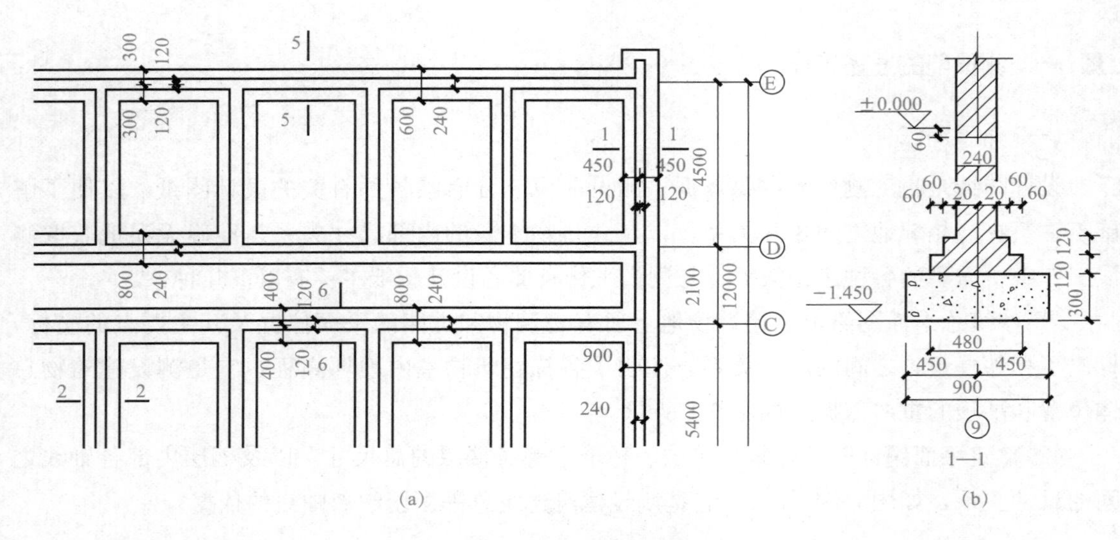

图 6-35　基础平面图及基础详图

(a)基础平面图；(b)基础详图

题。对建筑物地面上的平面控制点，在使用前应校核点位是否正确，并应实地检测水准点的高程。通过校核，取得正确的测量起始数据和点位。

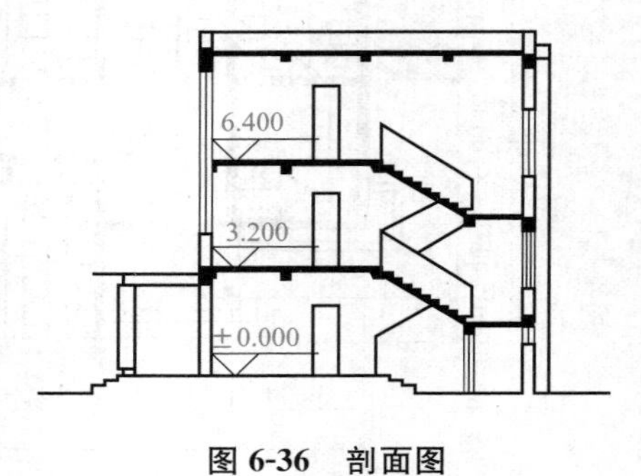

图 6-36　剖面图

(三)确定测设方案

在熟悉设计图纸、掌握施工计划和施工进度的基础上，结合现场条件和实际情况，拟定测设方案。测设方案包括测设方法、测设步骤、采用的仪器工具、精度要求、时间安排等。

(四)准备测设数据

在每次现场测设之前，应根据设计图纸和流量控制点的分布情况，准备好相应的测设数据并对数据进行检核，除计算必需的测设数据外，还需从下列图纸上查取房屋内部平面尺寸高程数据：

(1)从建筑总平面图上查出或计算出设计建筑物与原有建筑物或测量控制点之间的平面尺寸和高差，并以此作为测设建筑物总体位置的依据。

(2)在建筑平面图中查取建筑物的总尺寸和内部各定位轴线之间的尺寸关系，这是施工放样的基本资料。

(3)从基础平面图中查取基础边线与定位轴线的平面尺寸，以及基础布置与基础剖面的位置关系。

(4)从基础详图中查取基础立面尺寸、设计标高，以及基础边线与定位轴线的尺寸关系。这是基础高程测设的依据。

(5)从建筑物的立面图和剖面图中，查取基础、地坪、门窗、楼板、屋面等设计高程。这是高程测设的主要依据。

(五)绘制测设略图

图 6-37 所示是根据设计总平面图和基础平面图绘制的测设略图，图中标有已建的 2 号建筑物和拟建的 1 号建筑物之间的平面尺寸，以及定位轴线间尺寸和定位轴线控制桩等。

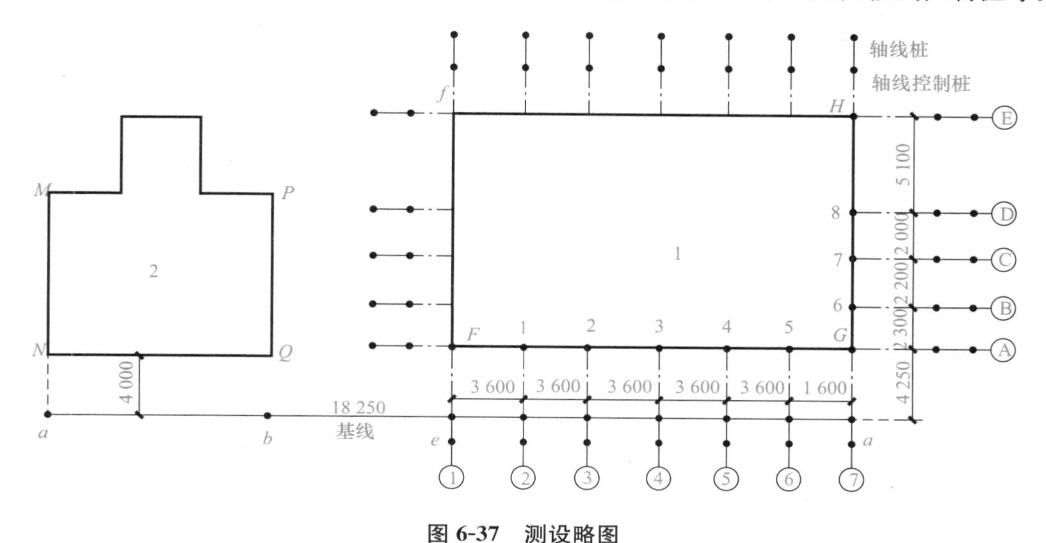

图 6-37 测设略图

二、建筑物定位与放线

(一)建筑物定位

建筑物四周外轮廓主要轴线的交点决定了建筑物在地面上的位置，称为定位点或角点。建筑物的定位就是根据设计条件，将这些轴线交点测设到地面上，作为细部轴线放线的依据。由于设计条件和现场条件不同，建筑物的定位方法也有所不同，下面介绍三种常见的定位方法。

(1)**根据控制点定位**。如果待定位的建筑物定位点设计坐标是已知的，且附近有导线测量控制点和三角测量控制点可供利用，可根据实际情况选用极坐标法、角度交会法或距离交会法来测设定位点。在这三种方法中，极坐标法的适用性最强，是用得最多的一种定位方法。

(2)**根据建筑方格网和建筑基线定位**。如果待定位的建筑物的定位点设计坐标是已知的，且建筑场地已设有建筑方格网或建筑基线，可利用直角坐标法测设定位点，当然也可用极坐标法等其他方法进行测设，但坐标法中直角的计算较为方便，在用经纬仪和钢尺实地测设时，建筑物总尺寸和四角的精度容易控制和检核。

(3)**根据新建筑物与原有建筑物和道路的关系定位**。如果设计图上只给出新建筑物与附近原有建筑物或道路的相互关系，而没有提供建筑物定位点的坐标，周围又没有测量控制点、建筑方格网和建筑基线可供利用，可根据原有建筑物的边线或道路中心线，将新建筑物的定位点测设出来。具体测设方法随实际情况的不同而不同，但基本过程是一致的，就是在现场先找出原有筑物的边线或道路中心线，再用经纬仪和钢尺将其延长、平移、旋转或相交，得到新建筑物的一条定位轴线，然后根据这条定位轴线，用经纬仪测设角度(一般是直角)，用钢尺测设长度，得到其他定位轴线或定位点，最后检核四个大角和四条定位轴线的长度是否与设计值一致。下面分两种情况说明具体的测设方法。

(1)根据新建筑与原有建筑物的关系定位。如图 6-38 所示，拟建建筑物的外墙边线与原有建筑的外墙边线在同一条直线上，两栋建筑物的间距为 10 m，拟建建筑物四周长轴的长度为 40 m，短轴的长度为 18 m，轴线与外墙边线间距为 0.12 m，可按下述方法测设其四个轴线交点：

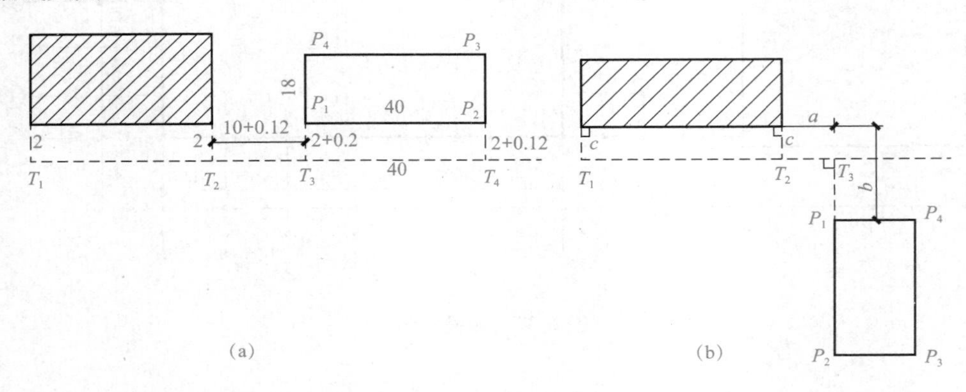

图 6-38　根据新建筑物与原有建筑物的关系定位

1)沿原有建筑物的两侧外墙拉线，用钢尺顺线从墙角往外量一段较短的距离(这里设为 2 m)，在地面上定出 T_1 和 T_2 两个点，T_1 和 T_2 的连线即原有建筑物的平行线。

2)在 T_1 点安置经纬仪，照准 T_2 点，用钢尺从 T_2 点沿视线方向量 10 m+0.12 m，在地面上定出 T_3 点，再从 T_3 点沿视线方向量 40 m，在地面上定出 T_4 点，T_3 和 T_4 的连线即拟建建筑物的平行线，其长度等于长轴尺寸。

3)在 T_3 点安置经纬仪，照准 T_4 点，逆时针测设 90°，在视线方向上量 2 m+0.12 m，在地面上定出 P_1 点，再从 P_1 点沿视线方向量 18 m，在地面上定出 P_4 点。同理，在 T_4 点安置经纬仪，照准 T_3 点，顺时针测设 90°，在视线方向上量 2 m+0.12 m，在地面上定出 P_2 点，再从 P_2 点沿视线方向量 18 m，在地面上定出 P_3 点，则 P_1、P_2、P_3 和 P_4 点即拟建建筑物的四个定位轴线点。

4)在 P_1、P_2、P_3 和 P_4点上安置经纬仪，检核四个大角是否为 90°，用钢尺丈量四条轴线的长度，检核长轴的长度是否为 40 m，短轴的长度是否为 18 m。

如果是图 6-38(b)所示的情况，则在得到原有建筑物的平行线并延长到 T_3 点后，应在 T_3点测设 90°并量距，定出 P_1 和 P_2 点，得到拟建建筑物的一条长轴，再分别在 P_1 和 P_2

点测设90°并量距，定出另一条长轴上的 P_3 和 P_4 点。注意不能先定短轴的两个点(如 P_1 和 P_4 点)，再在这两个点上设站测设另一条短轴上的两个点(如 P_2 和 P_3 点)，否则误差容易超限。

(2)根据新建筑物与原道路的关系定位。如图6-39所示，拟建建筑物的轴线与道路中心线平行，轴线与道路中心线的距离见图，测设方法如下：

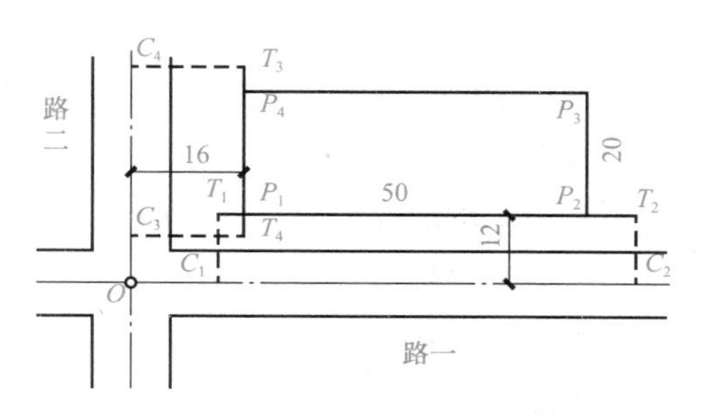

图6-39　根据新建筑物与原道路的关系定位

1)在每条道路上选两个合适的位置，分别用钢尺测量该处道路的宽度，其宽度的1/2处即道路中心点，如此得到路一中心线的两个点 C_1 和 C_2，同理得到路二中心线的两个点 C_3 和 C_4。

2)分别在路一的两个中心点上安置经纬仪，测设90°，用钢尺测设水平距离16 m，在地面上得到路一的平行线 T_1T_2，同理得到路二的平行线 T_3T_4。

3)用经纬仪内延或外延这两条线，其交点即拟建建筑物的第一个定位点 P_1，再从 P_1 点沿长轴方向的平行线50 m，得到第二个定位点 P_2。

4)分别在 P_1 和 P_2 点安置经纬仪，测设直角和水平距离20 m，在地面上定出 P_3 和 P_4 点。在 P_1、P_2、P_3 和 P_4 点上安置经纬仪，检核角度是否为90°，用钢尺丈量四条轴线的长度，检核长轴的长度是否为50 m，短轴的长度是否为20 m。

(二)建筑物放线

建筑物的放线，是指根据现场上已测设好的建筑物定位点，详细测设其他各轴线交点的位置，并将其延长到安全的地方做好标志，然后以细部轴线为依据，按基础宽度和放坡要求用白灰撒出基础开挖边线，如图6-40所示。

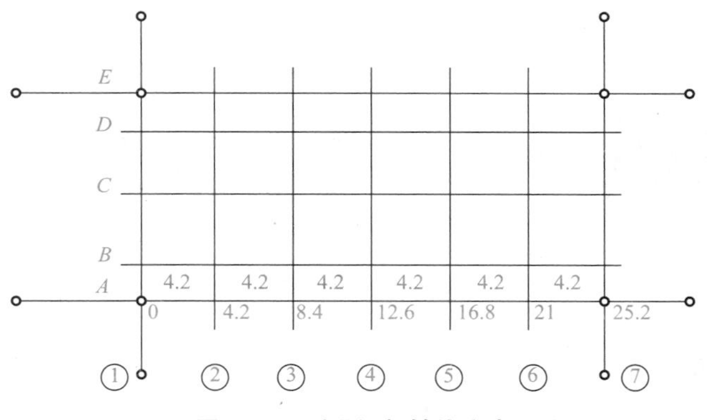

图6-40　测设细部轴线交点

1. 测设细部轴线交点

如图6-40所示，A 轴、E 轴、①轴和⑦轴是建筑物的四条外墙主轴线，其交点 $A1$、$A7$、$E1$ 和 $E7$ 是建筑物的定位点，这些定位点已在地面上测设完毕并打好桩点，各主次轴线间隔见图，现欲测设次要轴线与主轴线的交点。

在 A1 点安置经纬仪，照准 A7 点，把钢尺的零端对准 A1 点，沿视线方向拉钢尺，在钢尺上读数等于①轴和②轴间距(4.2 m)的地方打下木桩，在打桩的过程中要经常用仪器检查桩顶是否偏离视线方向，并不时拉一下钢尺，看钢尺读数是否还在桩顶上，如有偏移要及时调整。打好桩后，用经纬仪视线指挥在桩顶上画一条纵线，再拉好钢尺，在读数等于轴间距处画一条横线，两线交点即 A 轴与②轴的交点 A2。在测设 A 轴与③轴的交点 A3 时，方法同上，注意仍然要将钢尺的零端对准 A2 点，并沿视线方向拉钢尺，而钢尺读数应为①轴和③轴间距(8.4 m)，这种做法可以减小钢尺对点误差，避免轴线总长度增长或减短。如此依次测设圆轴与其他有关轴线的交点。测设完最后一个交点后，用钢尺检查各相邻轴线桩的间距是否等于设计值，相对误差应小于 1/3 000。

测设完 A 轴上的轴线点后，用同样的方法测设 E 轴、①轴和⑦轴上的轴线点。如果建筑物尺寸较小，也可用拉细线绳的方法代替经纬仪定线，然后沿细线绳拉钢尺量距。此时要注意细线绳不要碰到物体，风大时也不宜作业。

2. 引测轴线

在基槽或基坑开挖时，定位桩和细部轴线桩均会被挖掉，为了使开挖后各阶段施工能准确地恢复各轴线位置，应把各轴线延长到开挖范围以外的地方并做好标志，这个工作称为引测轴线，具体有设置龙门板和轴线控制桩两种形式。

(1)龙门板法。如图 6-41 所示，在建筑物四角和中间隔墙的两端，距基槽边线约为 2 m 以外，牢固地埋设大木桩，该桩称为龙门桩，并使桩的一侧平行于基槽。

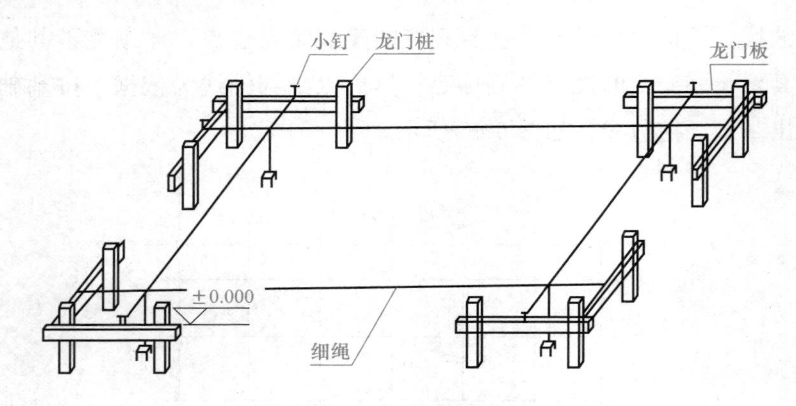

图 6-41 龙门板法

1)根据附近水准点，用水准仪将±0.000 标高测设在每个龙门桩的外侧，并画出横线标志。如果现场条件不允许，也可测设比±0.000 高或低一定数值的标高线，同一建筑物最好只用一个标高，如因地形起伏大而用两个标高时，一定要标注清楚，以免使用时发生错误。

2)在相邻两龙门桩上钉设木板，该木板称为龙门板。龙门板的上沿应和龙门桩上的横线对齐，使龙门板的顶面标高在一个水平面上，并且标高为±0.000 或比±0.000 高、低一定的数值，龙门板顶面标高的误差应在±5 mm以内。

3)根据轴线桩，用经纬仪将各轴线投测到龙门板的顶面，并钉上小钉作为轴线标志，该小钉称为轴线钉，投测误差应在±5 mm以内。对小型的建筑物，也可用拉细线绳的方法延长轴线，再钉上轴线钉，如事先已打好龙门板，可在测设细部轴线的同时钉设轴线钉，以减少重复安置仪器的工作量。

4)用钢尺沿龙门板顶面检查轴线钉的间距，其相对误差不应超过1/3 000。

5)恢复轴线时，将经纬仪安置在一个轴线钉上方，照准相应的另一个轴线钉，其视线即轴线方向，往下转动望远镜，便可将轴线投测到基槽或基坑内。也可用白线将相对的两个轴线钉连接起来，借助垂球，将轴线投侧到基槽或基坑内。

(2)轴线控制桩法。由于龙门板需要较多木料，而且占用场地，使用机械开挖时容易被破坏，因此也可以在基槽或基坑外各轴线的延长线上测设轴线控制桩，作为以后恢复轴线的依据。即使采用龙门板，为了防止被碰动，对主要轴线也应测设轴线控制桩。

轴线控制桩一般设在开挖边线4 m以外的地方，并用水泥砂浆加固。最好附近有固定建筑物和构筑物，这时应将轴线投测在这些物体上，使轴线更容易得到保护，但每条轴线至少应有一个控制桩是设在地面上的，以便今后能安置经纬仪来恢复轴线。

轴线控制桩的引测主要采用经纬仪法，当引测到较远的地方时，要注意采用盘左和盘右两次投测取中法来引测，以减少引测误差和避免出现错误。

3. 撒开挖边线

先按基础剖面图给出的设计尺寸，计算基槽的开挖宽度d，如图6-42所示。

$$d=B+mh$$

式中　B——基底宽度，可由基础剖面图查取；

h——基槽深度；

m——边坡坡度的分母。

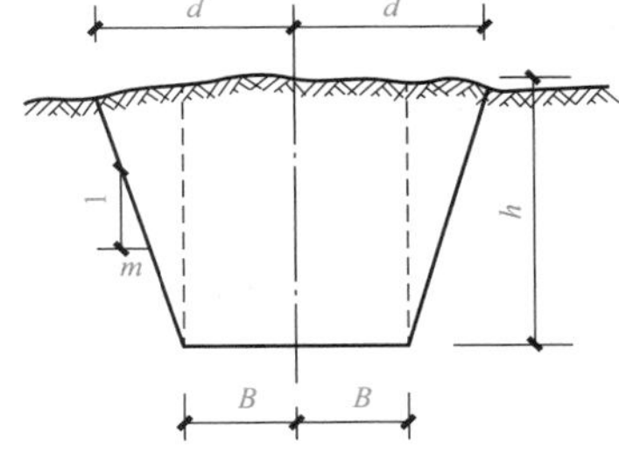

图6-42　开挖宽度

然后根据计算结果，在地面上以轴线为中线往两边各量出$d/2$，拉线并撒上白灰，此线即开挖边线。如果是基坑开挖，则只需按最外围墙体基础的宽度及放坡确定开挖边线。

三、基础施工测量

1. 控制基槽开挖深度

为了控制基槽开挖深度，当基槽挖到接近槽底设计高程时，应在槽壁上测设一些水平桩，使水平桩的上表面离槽底设计高程为某一整分米数(如0.5 m)，以控制挖槽深度。这些水平桩也可作为槽底清理和打基础垫层时掌握标高的依据，如图6-43所示。

一般在基槽各拐角处均应打水平桩，在基槽上则每隔10 m左右打一个水平桩，然后拉上白线，线下0.5 m即槽底设计高程。

水平桩可以是木桩，也可以是竹桩，测设时，以画在龙门板或周围固定地物的±0.000标高线为已知高程点，用水准仪进行测设，对小型建筑物也可用连通水管法进行测设。水平桩上的高程误差应在±10 mm以内。

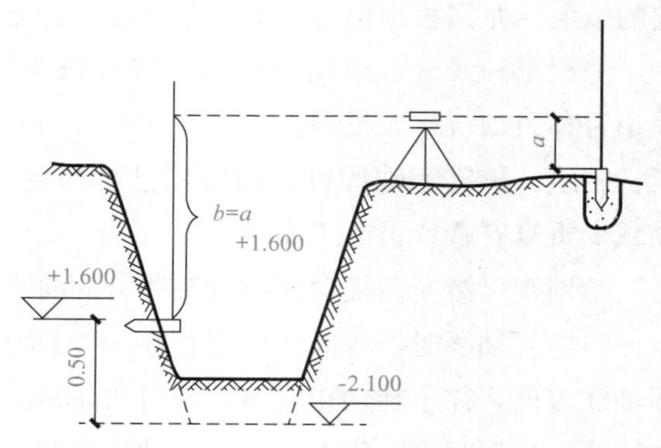

图 6-43　基槽开挖深度控制

例如，设龙门板顶面标高为±0.000，槽底设计标高为－2.100 m，水平桩高于槽底0.5 m，即水平桩高程为－1.600 m，用水准仪后视龙门板顶面上的水准尺，读数若为1.286 m，则水平桩上实际尺的应有读数为0.000＋1.286－(－1.6)＝2.886(m)。测设时沿槽壁上、下移动水准尺，当读数为2.886时沿尺底水平地将桩打进槽壁，然后检核该桩的标高，如超限便进行调整，直至误差在规定范围以内。

垫层面标高的测设可以水平桩为依据在槽壁上弹线，也可在槽底打入垂直桩，使桩顶标高等于垫层面的标高。如果垫层需安装模板，可以直接在模板上弹出垫层面的标高线。

如果是机械挖土，一般是一次挖到设计槽底或坑底的标高，因此要在施工现场安置水准仪，边挖边测，随时指挥挖土机调整挖土深度，使槽底或坑底的标高略高于设计标高(一般为15～30 cm)。挖完后，为了给人工清底和打垫层提供标高依据，还应在槽壁或坑壁上打上水平桩，水平桩的标高一般为垫层面的标高。当基坑底面积较大时，为便于控制整个底面的标高，应在坑底均匀地打一些垂直桩，使桩顶标高等于垫层面的标高。

2. 在垫层上投测基础中心线

垫层打好后，根据龙门板上的轴线钉或轴线控制桩，用经纬仪或用拉线挂吊的方法，把轴线投测到垫层面上，并用墨线弹出基础中心线和边线，以便砌筑基础或安装基础模板。

3. 基础标高控制

基础墙的标高一般是用基础皮数杆来控制的，皮数杆是用一根木桩做成的，在杆上标明±0.000的位置，按照设计尺寸将砖和灰缝的厚度，分皮从上往下一一画出来，此外还应注明防潮层和预留洞口的标高位置，如图6-44所示。

立皮数杆时，可先在立杆处打一木桩，用水准仪在木桩侧面测设一条高于垫层设计标高某一数值(如0.2 m)的水平线，然后将皮数杆上标高相同的一条线与木桩上的水平线对齐，并用铁钉把皮数杆和木桩钉在一起，这样立好皮数杆后，即可将之作为砌筑基础墙的标高依据。

对于采用钢筋混凝土的基础，可用水准仪将设计标高测设于模板上。

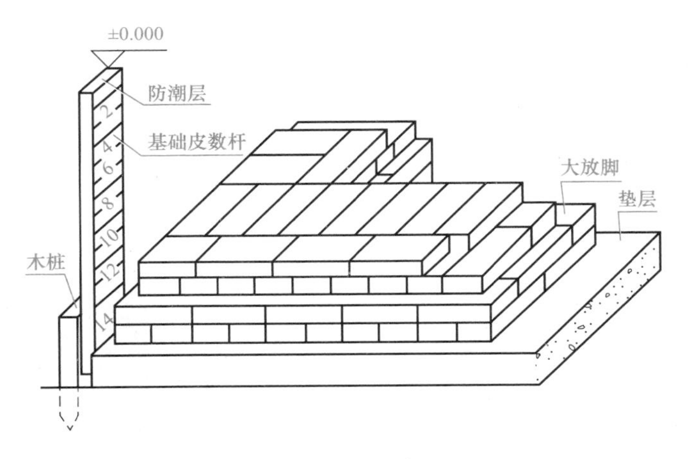

图 6-44　基础标高控制

四、墙体施工测量

1. 首层楼房墙体施工测量

(1)墙体轴线测设。基础工程结束后，应对龙门板或轴线控制桩进行检查复核，以防基础施工期间发生碰动移位。复核无误后，可根据轴线控制桩或龙门板上的轴线钉，用经纬仪法或拉线法，把首层楼房的墙体轴线测设到防潮层上，并弹出墨线，然后用钢尺检查墙体轴线的间距和总长是否等于设计值，用经纬仪检查外墙轴线的四个主要交角是否等于90°。符合要求后，把墙轴线延长到基础外墙侧面上并弹线和做出标志，作为向上投测各层楼房墙体轴线的依据。同时，还应把门、窗和其他洞口的边线，也在基础外墙侧面上做出标志，如图 6-45 所示。

墙体砌筑前，根据墙体轴线和墙体厚度，弹出墙体边线，照此进行墙体砌筑。砌筑到一定高度后，用吊锤线将基础外墙侧面上的轴线引测到地面以上的墙体上，以免基础覆土后看不见轴线标志。如果轴线处是钢筋混凝土柱，则在拆柱模后将轴线引测到柱身上。

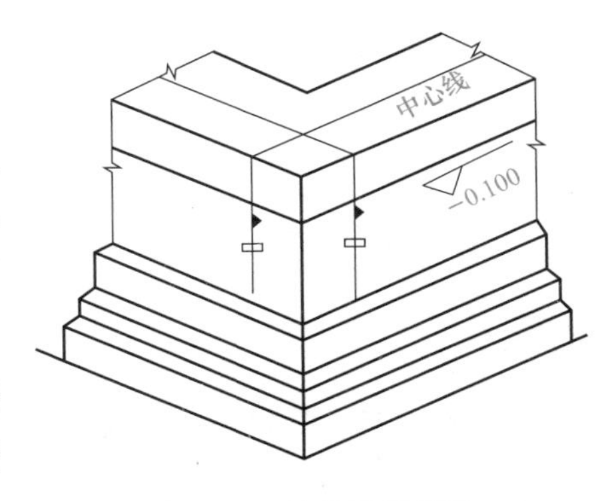

图 6-45　墙体轴线测设

(2)墙体标高的测设。墙体砌筑时，其标高用墙身皮数杆控制。皮数杆上根据设计尺寸，按砖和灰缝厚度画线，并标明门、窗、过梁、楼板等的标高位置。杆上标高注记从±0.000 向上增加。

墙身皮数杆一般立在建筑物的拐角和内墙处，固定在木桩上或基础墙身上。为了便于施工，采用里脚手架时，皮数杆立在墙的外边；采用外脚手架时，皮数杆立在墙里边。立皮数杆时，先用水准仪在立杆处的木桩或基础墙上测设出±0.000 标高线，测量误差在±3 mm 以内，然后把皮数杆上的±0.000线与该线对齐，用吊锤校正并用钉钉牢，必要时可在皮数杆上加钉两根斜撑，以保证皮数杆的稳定，如图6-46所示。

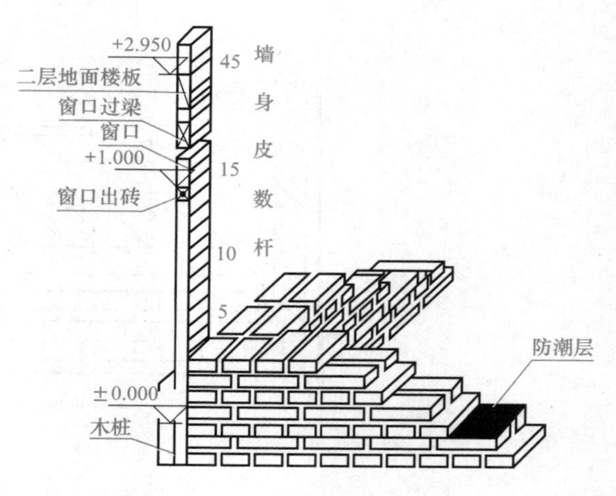

图6-46　墙体标高测设

墙体砌筑到一定高度后(1.5 m左右)应在内、外墙面上测设出+0.50 m标高的水平墨线，称为“+50线”。外墙的+50线作为向上传递各楼层标高的依据，内墙的+50线作为室内地面施工及室内装修的标高依据。

(3)建筑物楼梯的施工测量。楼梯施工有采用工厂预制的、现场装配的，也有采用现场浇制的。在放线时应把楼梯休息平台以及楼梯的坡度线放出来。

1)预制式楼梯安装放线。首先，应从+50线上量砖墙的实际砌筑高度，检查休息平台的下平标高是否符合设计要求，如符合便可吊装休息平台板，高度允许偏差为±10 m。待第二块休息平台板安装后，需在两块休息平台板之间试放楼梯木样板，如图6-47所示。在修正第二块休息平台板时，注意其标高的准确性，因为有时楼层地面的做法与楼梯间的做法不一样，休息平台板可能比楼板稍高，否则做地面时会出现高度差，将无法弥补。

2)现浇式楼梯放线。当砖墙砌筑到第一块休息平台板时，放线人员应配合砌筑工预留出休息平台板上梁和板的支座孔洞，如图6-48所示。同样在第二块休息平台板处预留出孔洞。当楼梯间墙体砌完后，在墙面弹出楼梯坡度线及踏步线，作为木工支楼梯模板的依据。

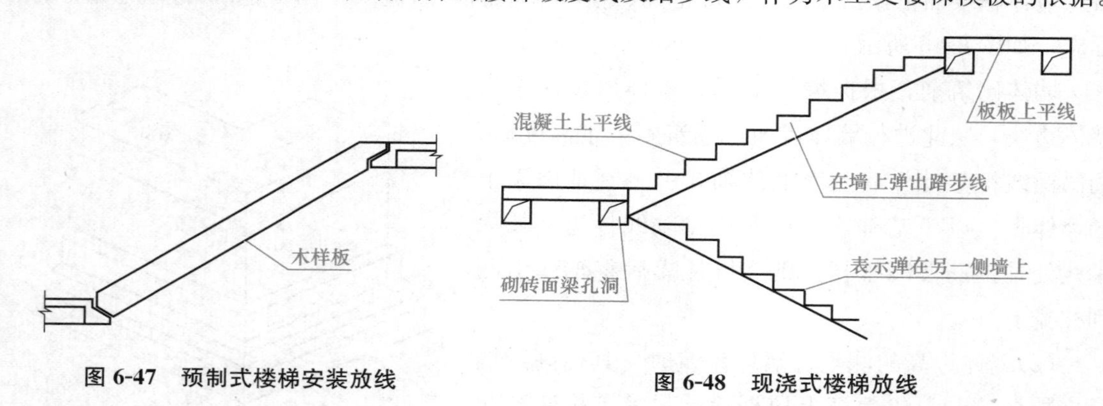

图6-47　预制式楼梯安装放线

图6-48　现浇式楼梯放线

当由砖墙支承踏步模板时，应在砖墙上留斜槽。这时放线人员应在休息平台板处立上皮数杆。如为现浇板，可在皮数杆上挂线，以使砌筑工砌墙留斜槎时有所依据。同时应将斜槎用干砖顶住，否则砖墙偏心受压，可能会发生偏斜或倒塌。

2. 二层以上楼层墙体施工测量

(1)轴线投测。每层楼面建好后，为了保证继续往上砌筑墙体时，墙体轴线均与基础轴线在同一铅垂面上，应将基础或首层墙面上的轴线投测到楼面上，并在楼面上重新弹出墙体的轴线，检查无误后，以此为依据弹出墙体边线，再往上砌筑。在这个测量工作中，从下往上进行轴线投测是关键，一般多层建筑常用吊锤线。

将较重的垂球悬挂在楼面的边缘慢慢移动，使垂球尖对准地面上的轴线标志，或者使吊锤线下部沿垂直墙面方向与底层墙面上的轴线标志对齐，吊锤线上部在楼面边缘的位置就是墙体轴线的位置，在此画一短线作为标志，便在楼面上得到轴线的一个端点，用同样的方法投测另一端点，两端点的连线即墙体轴线。

一般应将建筑物的主轴线都投测到楼面上来，并弹出墨线，用钢尺检查轴线间的距离，其相对误差不得大于1/3 000。符合要求之后，再以这些主轴线为依据，用钢尺内分法测设其他细部轴线。在困难的情况下至少要测设两条垂直相交的主轴线，检查交角合格后，用经纬仪和钢尺测设其他主轴线，再根据主轴线测设细部轴线。

吊锤线法受风的影响较大，楼层较高时风的影响更大，因此应在风小时作业，投测时应待吊锤稳定后再在楼面上定点。另外，每层楼面的轴线均应直接由底层投测上来，以保证建筑物的总竖直度，只要注意这些问题，用吊锤线法进行多层楼房的轴线投测的精度是有保证的。

(2)标高传递。多层建筑物施工中，要由下往上将标高传递到新的施工楼层，以便控制新楼层的墙体施工，使其标高符合设计要求。标高传递一般有以下两种方法：

1)利用皮数杆传递标高。一层楼房墙体砌完并打好楼面后，把皮数杆移至二层继续使用。为了使皮数杆立在同一水平面上，用水准仪测定楼面四角的标高，取平均值作为二楼的地面标高，并在立杆处绘出标高线，立杆时将皮数杆的±0.000线与该线对齐，然后以皮数杆为标高依据进行墙体砌筑。如此用同样的方法逐层往上传递高程。

2)利用钢尺传递标高。在标高精度要求较高时，可用钢尺从底层的+50标高线起往上直接丈量，把标高传递到第二层，然后根据传递上来的高程测设第二层的地面标高线，以此为依据立皮数杆。在墙体砌到一定高度后，用水准仪测设该层的+50标高线，再往上一层的标高可以此为准用钢尺传递，依次类推，逐层传递标高。

任务五　高层建筑施工测量

一、高层建筑施工测量的特点

由于高层建筑的层数多、高度高、建筑结构复杂、设备和装修标准高，特别是高速电梯的安装要求最高，因此，在施工过程中对建筑物各部位的水平位置、垂直度及轴线位置尺寸、标高等的测设都有十分严格的精度要求。总体的建筑限差有较严格的规定，因而对质量检测的允许偏差也有严格要求。例如，层间标高测量偏差和竖向测量偏差均要求不超过±3 mm，建筑全高(H)测量偏差和竖向偏差不应超过$3H/10\,000$，且$30\text{ m}<H\leqslant 60\text{ m}$时不应超过±10 mm，$60\text{ m}<H\leqslant 90\text{ m}$时不应超过±15 mm，$90\text{ m}<H$时不应超过20 mm。特别是在竖向轴线投测时，对测设的精度要求极高。

另外，由于高层建筑施工的工程量大，且多设地下工程，同时一般多是分期施工，其周期长，施工现场变化大，因此，为保证工程的整体性和局部性施工的精度要求，进行高层建筑施工测量之前，必须谨慎地制定测设方案，选用适当的仪器，并拟出各种控制和检测的措施以确保放样精度。

高层建筑一般采用桩基础，上部主体结构为现场浇筑的框架结构工程，而且建筑平面、立面造型既新颖又复杂多变，因此，其施工测设方法与一般建筑既有相似之处，又有其自身独特的地方，按测设方案具体实施时，务必精密计算，严格操作，并应严格校核，方可保证测设误差在所规定的建筑限差的允许范围内。

在高层建筑施工过程中有大量的施工测量工作，为了达到指导施工的目的，施工测量应紧密配合施工，具体步骤如下。

■ 二、高层建筑施工控制测量

(一)施工控制网的布设

对高层建筑必须建立施工控制网。其平面控制一般布设建筑方格网较为实用，且使用方便，精度可以保证，自检也方便。建立建筑方格网，必须从整个施工过程考虑，打桩、挖土、浇筑基础垫层及其他施工工序中的轴线测设要均能应用所布设的施工控制网。由于打桩、挖土对施工控制网的影响较大，除了经常进行控制网点的复测校核之外，最好随着施工的进行，将控制网延伸到施工影响区之外。而且，必须及时地伴随着施工将控制轴线投测到相应的建筑面层上，这样便可根据投测的控制轴线，进行柱列轴线等细部的放样，以备绑扎钢筋、立模板和浇筑混凝土之用。为了将设计的高层建筑测设到实地，同时简化设计点位的坐标计算和方便在现场进行建筑物细部放样，该控制网的轴系应严格平行于建筑物的主轴线或道路的中心线。施工方格网的布设必须与建筑总平面图配合，以便在施工过程中能够保存最多数量的方格控制点。

建筑方格网的实施，与一般建筑场地上所建立的控制网的实施过程一样。首先在建筑总平面图上设计，然后依据高等级测图点用极坐标法或直角坐标法测设在实地，最后进行校核调整，保证精度在允许的限差范围之内。

在高层建筑施工中，高程测设在整个施工测量工作中所占比例很大，同时也是施工测量中的重要部分。正确而周密地在施工场地上布置水准高程控制点，能在很大程度上使立面布置、管道敷设和建筑物施工得以顺利进行，建筑施工场地上的高程控制必须以精确的起算数据来保证施工的质量要求。

高层建筑施工场地上的高程控制点，必须联测到国家水准点上或城市水准点上。高层建筑物的外部水准点高程系统应与城市水准点的高程系统统一，因为要由城市向建筑场区敷设许多管道和电缆等。

一般高层建筑施工场地上的高程控制网用三、四等水准测量方法施测，且应把建筑方格网的方格点纳入高程系统，以保证高程控制点的密度，满足工程建设高程测设工作所需。所建网型一般为附合水准或闭合水准。

(二)高层建筑物主要轴线的定位

在软土地基区的高层建筑的基础常用桩基础，桩基础的作用是将上部建筑结构的荷载传递到深处承载力较大的持力层中。其分为预制桩和灌注桩两种，一般都打入钢管桩或钢筋混凝土方桩。其一般特点是：基坑较深，且位于市区，施工场地不宽畅；建筑物的定位大都是根据建筑施工方格网或建筑红线进行。由于高层建筑的上部荷载主要由桩基础承受，所以对桩位的精度要求较高，一般规定，根据建筑物主轴线测设桩基础和板桩轴线位置的允许偏差为 20 mm，单排桩则为 10 mm。沿轴线测设桩位时，纵向(沿轴线方向)偏差不宜大于 3 cm，横向偏差不宜大于 2 cm。位于群桩外周边的桩，测设偏差不得大于桩径或桩边长(方形桩)的 1/10；桩群中间的桩则不得大于桩径或边长的 1/5。为此在定桩位时必须根据建筑施工控制网，实地定出控制轴线，再按设计的桩位图中所示尺寸逐一定出桩位。实地控制轴线测设好后，务必进行校核，检查无误后，方可进行桩位的测设工作。

建筑施工控制网一般都确定一条或两条主轴线。因此，在建筑物放样时，按照建筑物柱列线或轮廓线与主控制轴线的关系，依据场地上的控制轴线逐一定出建筑物的轮廓线。

对于目前一些几何图形复杂的建筑物，如 S 形、椭圆形、扇形、圆筒形、多面体形等，可以使用全站仪采用极坐标法进行建筑物的定位。具体做法是：通过图纸将设计要素如轮廓坐标、曲线半径、圆心坐标及施工控制网点的坐标等识读清楚，并计算各自的方向角及边长，然后在控制点上安置全站仪(或经纬仪)建立测站，按极坐标法完成各点的实地测设。将所有建筑物轮廓点定出后，再检查其是否满足设计要求。

总之，根据施工场地的具体条件和建筑物几何图形的繁简情况，可以选择最合适的测设方法完成高层建筑物的轴线定位。

三、高层建筑基础施工测量

1. 测设基坑开挖边线

高层建筑一般都有地下室，因此要进行基坑开挖。开挖前，先根据建筑物的轴线控制桩确定角桩，以及建筑物的外围边线，再考虑边坡的坡度和基础施工所需工作面的宽度，测设出基坑的开挖边线并撒出灰线。

2. 基坑开挖时的测量工作

高层建筑的基坑一般都很深，需要放坡并进行边坡支护加固，在开挖过程中，除用水准仪控制开挖深度外，还应经常用经纬仪或拉线检查边坡的位置，以防止出现坑底边线内收，致使基础位置不够的情况出现。

3. 基础放线及标高控制

(1)基础放线。基坑开挖完成后，有三种情况：一是直接打垫层，然后做箱形基础或筏形基础，这时要求在垫层上测设基础的各条边界线、梁轴线、墙宽线和柱位线等；二是在基坑底部打桩或挖孔，做桩基础，这时要求在坑底测设各条轴线和桩孔的定位线，桩做完后，还要测设桩承台和承重梁的中心线；三是先做桩，然后在桩上做箱形基础或筏形基础，组成复合基础，这时的测量工作是前两种情况的结合，如图 6-49 所示。

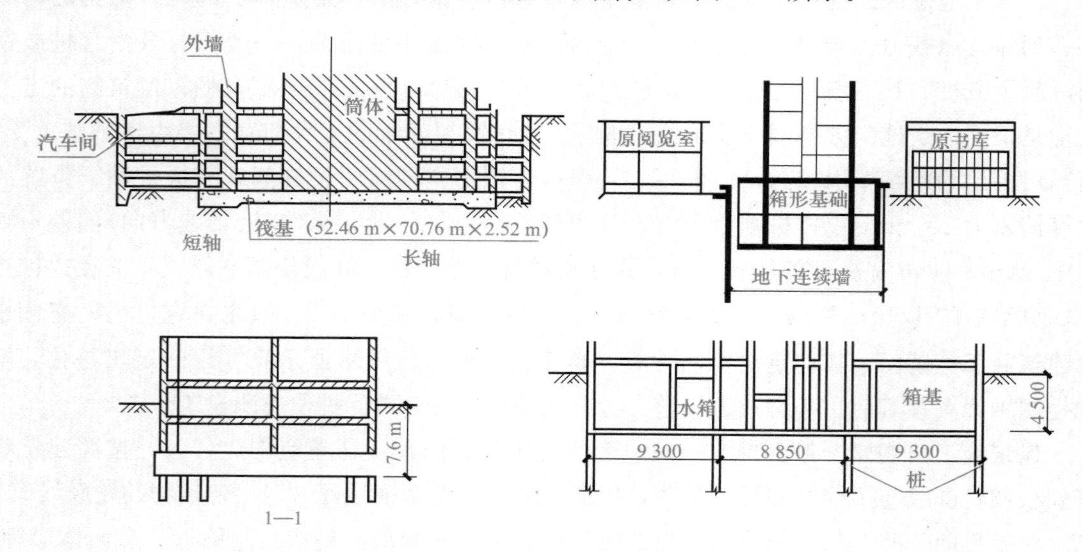

图 6-49　基础放线

无论是哪种情况，在基坑下均需要测设各种各样的轴线和定位线，其方法是基本一样的。先根据地面上各主要轴线的控制桩，用经纬仪向基坑下投测建筑物的四大角、四轮廓轴线和其他主轴线，经认真校核后，以此为依据放出细部轴线，再根据基础图所示尺寸，放出基础施工中所需的各种中心线和边线，如桩心的交线以及梁、柱、墙的中线和边线等。

测设轴线时，有时为了通视和量距方便，不是测设真正的轴线，而是测设其平行线，这时一定要在现场标注清楚，以免用错。另外，一些基础桩、梁、柱、墙的中线不一定与建筑轴线重合，而是偏移某个尺寸，因此要认真按图施测，防止出错，如图 6-50 所示。

如果是在垫层上放线，可把有关轴线和边线直接用墨线弹在垫层上，由于基础轴线的位置决定了整个高层建筑的平面位置和尺寸，因此施测时要严格检核，保证精度。如果是在基坑下做桩基，则测设轴线和桩位时，宜在基坑护壁上设立轴线控制桩，以便能保留较长时间，同时也便于施工时用来复核桩位和测设桩顶上的承台和基础梁等。

从地面往下投测轴线时，一般用经纬仪投测法，由于俯角较大，为了减小误差，每个

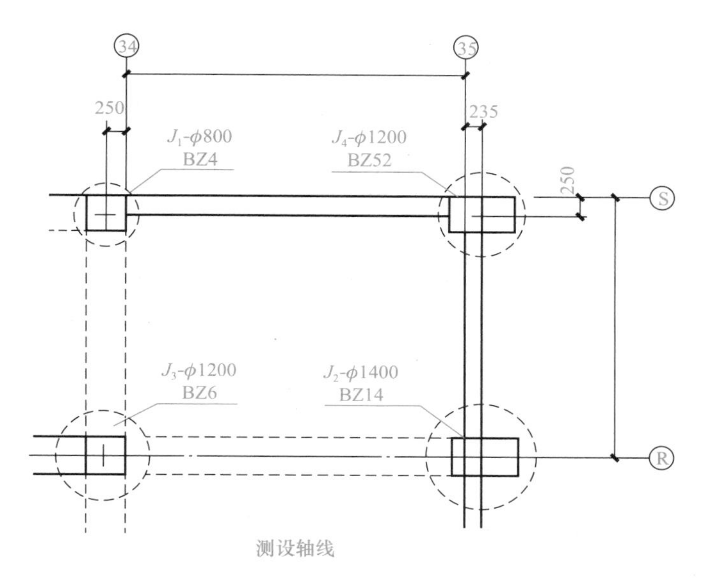

图 6-50　测设轴线

轴线点均应盘左、盘右各投测一次，然后取中。

(2)基础标高测设。基坑完成后，应及时用水准仪根据地面上的±0.000 水平线，将高程引测到坑底，并在基坑护坡的钢板或混凝土桩上做好标高为负的整米数的标高线。由于基坑较深，引测时可多转几站观测，也可用悬吊钢尺代替水准尺进行观测。在施工过程中，如果是桩基，要控制好各桩的顶面高程；如果是箱形基础和筏形基础，则直接将高程标志测设到竖向钢筋和模板上，作为安装模板、绑扎钢筋和浇筑混凝土的标高依据。

四、高层建筑的轴线投测

当高层建筑的地下部分完成后，根据施工方格网校测建筑物主轴线控制桩后，将各轴线测设到做好的地下结构顶面和侧面，再根据原有的±0.000 水平线，将±0.000 标高(或某整分米数标高)也测设到地下结构顶部的侧面上，这些轴线和标高线是进行首层主体结构施工的定位依据。

随着结构的升高，要将首层轴线逐层往上投测，作为施工的依据。这当中建筑物主轴线的投测更为重要，因为它们是各层放线和结构垂直度控制的依据。随着高层建筑物设计高度的增加，施工中对竖向偏差的控制要求就越高，轴线竖向投测的精度和方法就必须与其适应，以保证工程质量。

1. 经纬仪投测法

当施工场地比较宽阔时，多使用此法进行竖向投测，如图 6-51 所示，安置经纬仪于轴线控制桩上，严格对中整平，盘左照准建筑物底部的轴线标志，往上转动望远镜，用其竖丝指挥在施工层楼面边缘上画一点，然后盘右再次照准建筑物底部的轴线标志，用同样的方法在该处楼面边缘上画出另一点，取两点的中间点作为轴线的端点。其他轴线端点的投测与此相同。

当楼层建得较高时，经纬仪投测时的仰角较大，操作不方便，误差也较大，此时应将轴线控制桩用经纬仪引测到远处(大于建筑物高度)稳固的地方，然后继续往上投测。如果周围场地有限，也可引测到附近建筑物的屋面上，如图 6-52 所示。

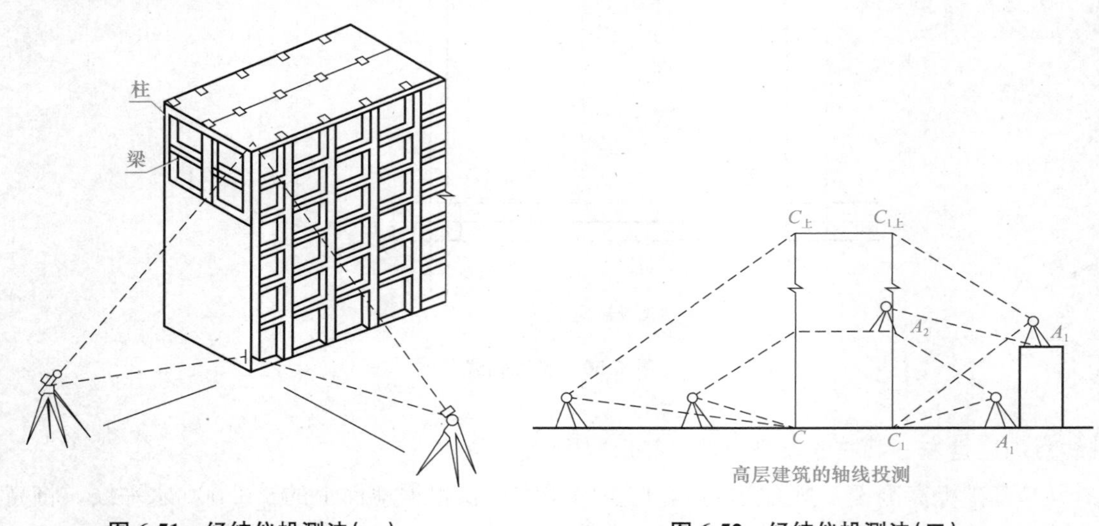

图 6-51　经纬仪投测法(一)　　**图 6-52　经纬仪投测法(二)**

先在轴线控制桩 A_1 上安置经纬仪，照准建筑物底部的轴线标志，将轴线投测到楼面上 A_2 点处，然后在 A_2 上安置经纬仪照准 A_1 点，将轴线投测到附近建筑物屋面上 A_3 点处，以后就可在 A_3 点安置经纬仪，投测更高楼层的轴线。注意上述投测工作均应采用盘左盘右取中法进行，以减少投测误差。

所有主轴线投测上来后，应进行角度和距离的检核，合格后再以此为依据测设其他轴线。

2. 吊线坠法

当周围建筑物密集，施工场地窄小，无法在建筑物以外的轴线上安置经纬仪时，可采用此法进行竖向投测。该法与一般的吊锤线法的原理是一样的，只是线坠的重量更大，吊线(细钢丝)的强度更高。此外，为了减少风力的影响，应将吊锤线放在建筑物内部。

如图 6-53 所示，事先在首层地面上埋设轴线点的固定标志，标志的上方每层楼板都预留孔洞，供吊锤线通过。投测时，在施工层楼面上的预留孔上安置挂有吊线坠的十字架，慢慢移动十字架，当吊锤尖静止地对准地面固定标志时，十字架的中心就是应投测的点，在预留孔四周做上标志即可，标志连线交点即从首层投上来的轴线点。同理测设其他轴线点。

使用吊线坠法进行轴线投测，只要措施得当，防止风吹和振动，则既经济、简单又直观、准确。

3. 铅直仪法

铅直仪法就是利用能提供铅直向上(或向下)视线的专用测量仪器，进行竖向投测。常用的仪器有垂准经纬仪、激光经纬仪和激光铅直仪等。用铅直仪法进行高层建筑的轴线投测，具有占地小、精度高、速度快的优点，在高层建筑施工中用得越来越多。

(1)垂准经纬仪。如图 6-54 所示，该仪器的特点是在望远镜的目镜位置上配有弯曲成 90°的目镜，使仪器铅直指向正上方时，测量员能方便地进行观测。此外该仪器的中轴是空心的，这样仪器也能观测正下方的目标。

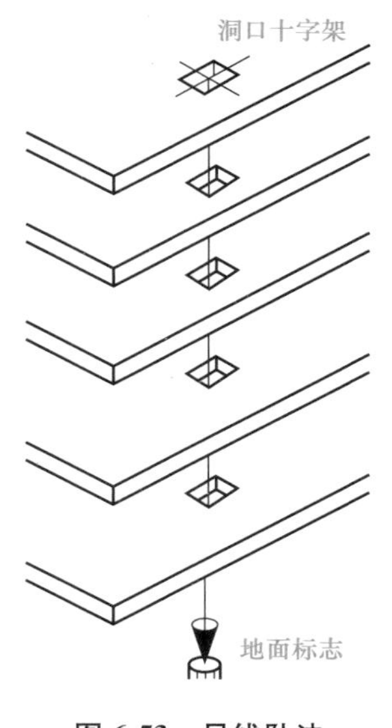

图 6-53　吊线坠法

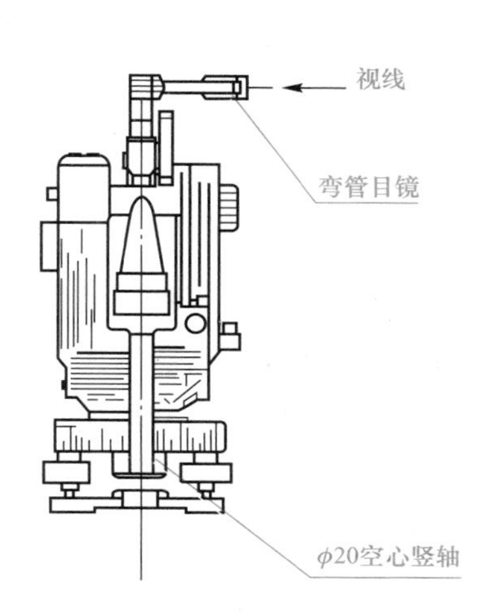

图 6-54　垂准经纬仪

使用时，将仪器安置在首层地面的轴线点标志上，严格对中整平，由弯管目镜观测，当仪器水平转动一周时，若视线一直指向一点，说明视线方向处于铅直状态，可以向上投测。投测时，视线通过楼板上预留的孔洞，将轴线点投测到施工层楼板的透明板上定点，为了提高投测精度，应将仪器照准部水平旋转一周，在透明板上投测多个点，这些点应构成一个小圆，然后取小圆的中心作为轴线点的位置。以同样的方法用盘右再投测一次，取两次的中点作为最后结果。由于投测时仪器安置在施工层下面，因此在施测过程中要注意对仪器和人员的安全采取保护措施，防止落物击伤。

如果把垂准经纬仪安置在浇筑后的施工层上，将望远镜调成铅直向下的状态，视线通过楼板上预留的孔洞，照准首层地面的轴线点标志，也可将下面的轴线点投测到施工层上来。该法较安全，也能保证精度。

(2)激光经纬仪。图 6-55 所示为装有激光器的苏州光学仪器厂生产的 J2 激光经纬仪。在望远镜筒上安装一个氦氖激光器，用一组导光系统把望远镜的光学系统联系起来，组成激光发射系统，再配上激光电源，便成为激光经纬仪。为了测量时观测目标方便，激光束进入发射系统前设有遮光转换开关。遮去发射的激光束，就可在目镜(或弯管目镜)处观测目标，而不必关闭电源。

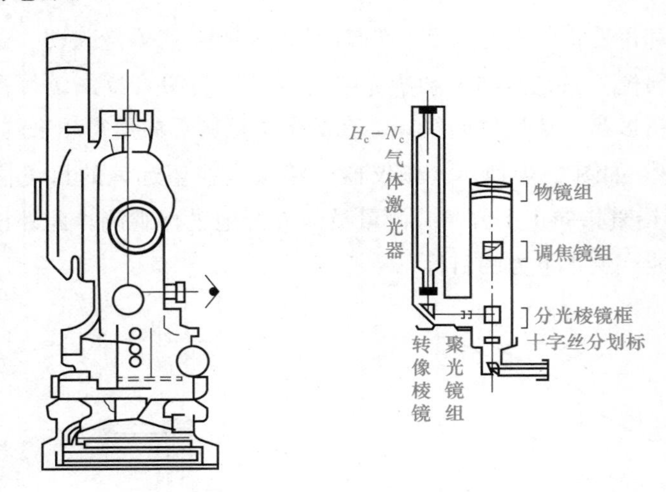

图 6-55　激光经纬仪

激光经纬仪用于高层建筑轴线竖向投测，其方法与配弯管目镜的经纬仪是一样的，只不过它是利用可见激光代替人眼观测。投测时，在施工层预留孔中央设置有透明聚酯膜片绘制的接收靶，在地面轴线点处对中整平仪器的起辉激光器，调节望远镜调焦螺旋，使投射在接收靶上的激光光斑最小，再水平旋转仪器，检查接收靶上光斑中心是否始终在同一点，或划出一个很小的圆圈，以保证激光束铅直，然后移动接收靶，使其中心与光斑中心或小圆圈中心重合，将接收靶固定，则靶心即欲投测的轴线点。

(3)激光铅直仪。激光铅直仪如图 6-56 所示。其主要由氦氖激光器、竖轴、水准管、基座等部分组成。激光器通过两组固定螺丝固定在套筒上，竖轴是一个空心筒轴，两端有螺扣，用来连接激光器套筒和发射望远镜。激光器装在下端，发射望远镜装在上端时，即构成向上发射的激光铅直仪，倒过来装即构成向下发射的激光铅直仪。

激光铅直仪用于高层建筑轴线竖向投测时，其原理和使用方法与激光经纬仪基本相同，主要区别在于对中方式。激光经纬仪一般用光学对中器，而激光铅直仪用激光管尾部射出的光束进行对中。

■ 五、高层建筑物的高程传递

高层建筑施工中，要由下层楼面向上层楼面传递高程，以使上层楼板、门窗、室内装修等工程的标高符合设计要求。传递高程的方法有以下几种。

1. 利用钢尺直接丈量

在标高精度要求较高时，可用钢尺沿某一墙角自±0.000 标高处起直接丈量，把高程传递上去。然后根据下面传递上来的高程立皮数杆，作为该层墙身砌筑和安装门窗、过梁及室内装修、地坪抹灰时控制标高的依据。

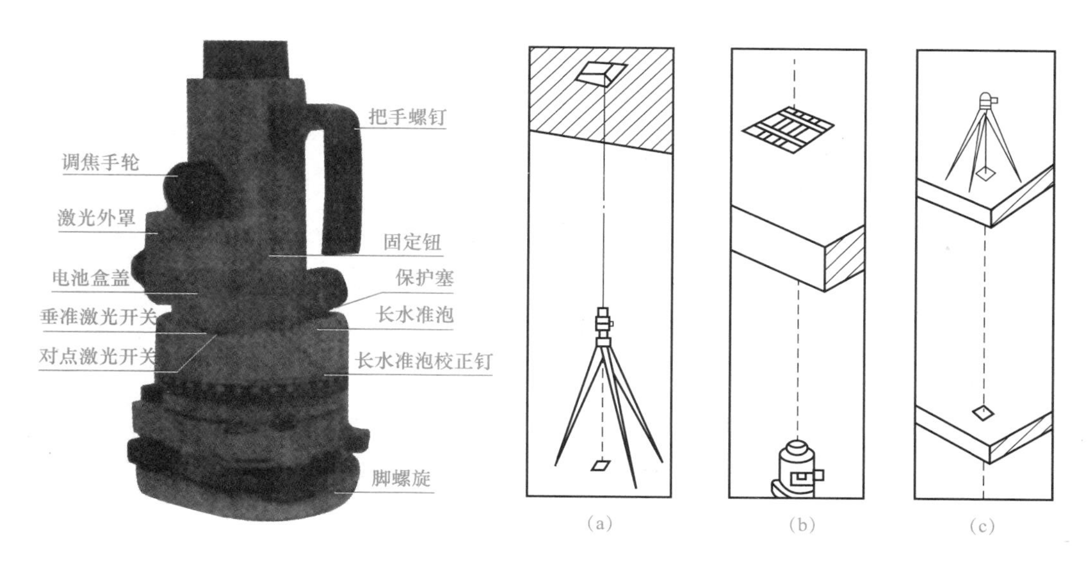

图 6-56 激光铅直仪

2. 悬吊钢尺法(水准仪高程传递法)

根据高层建筑物的具体情况也可用水准仪高程传递法进行高程传递，不过此时需用钢尺代替水准尺作为读取数据的工具，从下向上传递高程。如图 6-57 所示，由地面已知高程点 A，向建筑物楼面 B 传递高程，先从楼面上(或楼梯间)悬挂一支钢尺，钢尺下端悬一重锤。观测时，为了使钢尺稳定，可将重锤浸于一盛满油的容器中。然后在地面及楼面上各安置一台水准仪，按水准测量方法同时读取 a_1、b_1、a_2、b_2 读数，则可计算出楼面 B 上设计标高为 H_B 的测设数据 $H_B=H_A+a_1-b_1+a_2-b_2$，据此可采用测设已知高程的方法放样出楼面 B 的标高位置。

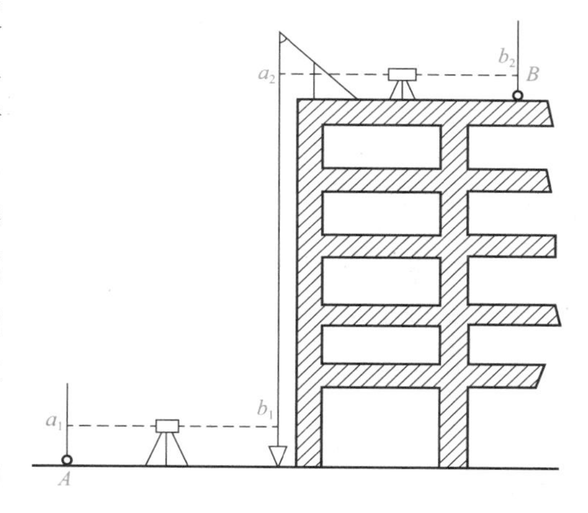

图 6-57 水准仪高程传递法

3. 全站仪天顶测高法

如图 6-58 所示，利用高层建筑中的传递孔(或电梯井等)，在底层高程控制点上安置全站仪，置平望远镜(显示屏上显示垂直角为 0°或天顶距为 90°)，然后将望远镜指向天顶方向(天顶距为 0°或垂直角为 90°)，在需要传递高程的层面传递孔上安置反射棱镜，即可测得仪器横轴至棱镜横轴的垂直距离，将此距离加仪器高，减棱镜常数(棱镜面至棱镜横轴的间距)，就可以算得两层面间的高差，据此即可计算出测量层面的标高，最后将之与该层楼面的设计标高相比较，进行调整即可。

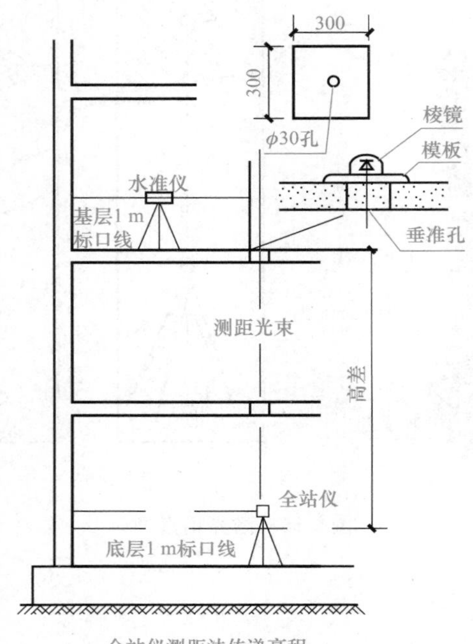

图 6-58　全站仪天顶测高法

六、滑模施工中的测量工作

在高层建筑施工中，经常采用滑模施工工艺。滑模施工就是在现浇混凝土结构施工中，一次装设 1 m 多高的模板，浇筑一定高度的混凝土，通过一套提升设备将模板不断向上提，在模板内不断绑扎钢筋和浇筑混凝土，随着模板的不断向上滑升，逐步完成建筑物的混凝土浇筑工作。在施工过程中所做的测量工作主要有铅直度和水平度的观测，现介绍如下。

1. 铅直度观测

滑模施工的质量关键在于保证铅直度。可采用经纬仪投测法，但最好采用激光铅垂仪投测方法。

2. 标高测设

首先在墙体上测设＋1.000 m 的标高线，然后用钢尺从标高线沿墙体向上测量，最后将标高测设在滑模的支撑杆上。为了减少逐层读数误差的影响，可采用数层累计读数的测法，如每三层读一次尺寸。

3. 水平度观测

在滑升过程中，若施工平台发生倾斜，则滑出来的结构就会发生偏扭，这将直接影响建筑物的垂直度，所以施工平台的水平度也是十分重要的。在每层停滑间歇，用水准仪在支撑杆上独立进行两次抄平，互为校核，标注红三角，再利用红三角，在支撑杆上弹设一分划线，以控制各支撑点滑升的同步性，从而保证施工平台的水平度。

任务六　工业建筑定位放线测量

工业建筑主要是指工业企业的生产性建筑，如厂房、运输设施、动力设施、仓库等，其主体是生产厂房。一般厂房多是金属结构及装配式钢筋混凝土结构单层厂房。其放样的工作内容与民用建筑大致相似，主要包括厂房矩形控制网的测设、厂房柱列轴线的测设、基础施工测量、厂房构件安装测量及设备安装测量等。

一、厂房矩形控制网放样方案的制定及测设数据的计算

工业建筑同民用建筑一样，在施工测量之前，首先必须做好测设前的准备工作，通过对设计图纸的熟悉，以及对施工场地的现场踏勘，可按照施工进度计划，制定出详细的测设方案，其主要内容包括确定矩形控制网、距离指示桩的点位、点位的测设方法及对应的测设数据的计算、精度要求和绘制测设草图等。

对于一般中、小型工业厂房，在其基础的开挖线以外约 4 m，测设一个与厂房轴线平行的矩形控制网，即可满足放样的需要。对于大型厂房或设备基础复杂的厂房，为了使厂房各部分精度一致，需先测设好控制网主轴线，然后根据主轴线测设矩形控制网。对于小型厂房，也可采用民用建筑定位的方法进行控制。

厂房矩形控制网的放样方案，是根据厂区平面图、厂区控制网和现场地形情况等资料制定的。在确定主轴线点及矩形控制网的位置时，必须保证控制点能长期保存，因此要避开地上和地下管线，并与建筑物基础开挖边线保持 1.5～ 4 m 的距离。距离指示桩的间距一般等于柱子间距的整数倍，但不应超过所用钢尺的长度。

图 6-59 所示为某工业厂区平面图，其厂区控制网为建筑方格网。现进行厂区内合成车间的施工，厂房矩形控制网的 P、Q、R、S 四个点可根据厂区建筑方格控制网用直角坐标法进行测设，其四个角点的设计位置为距离厂房轴线向外 4 m 处，由此可计算出四个控制点的设计坐标，同时可计算出各点实地测设时的放样数据，具体数据标注于测设简图上。最后绘制放样简图，本图是根据设计总平面图及施工平面图，按一定比例绘制的测设简图。图上标有厂房矩形控制网四个角点的坐标及 P 点按照直角坐标法进行测设的放样数据，其各角点的测设依据厂区方格控制点进行放样。

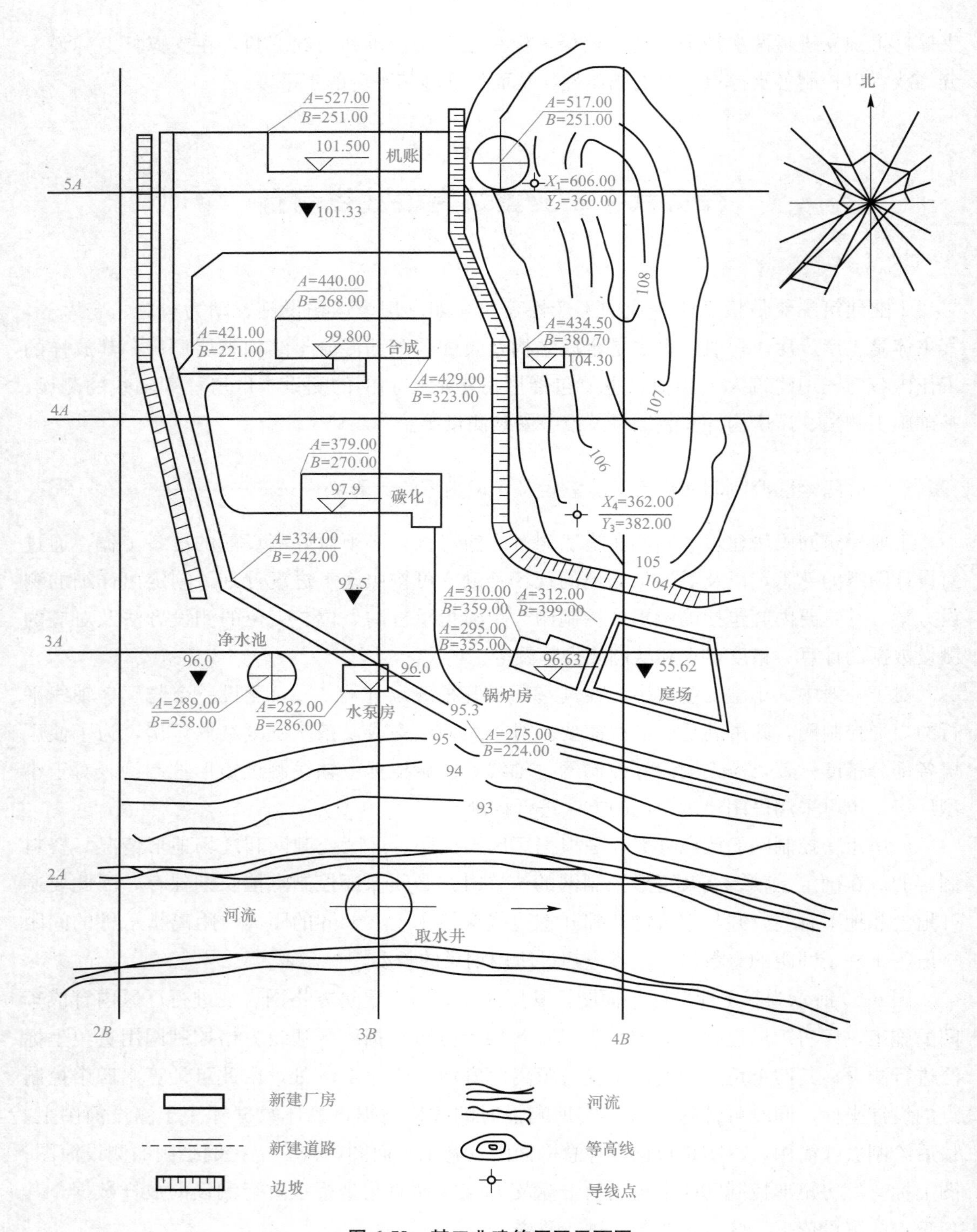

图 6-59　某工业建筑厂区平面图

二、厂房控制网的测设

1. 单一厂房控制网的测设

对于中、小型厂房而言，一般直接设计建立一个由四边围成的矩形控制网即可满足后期测设需要，如图 6-60 所示。

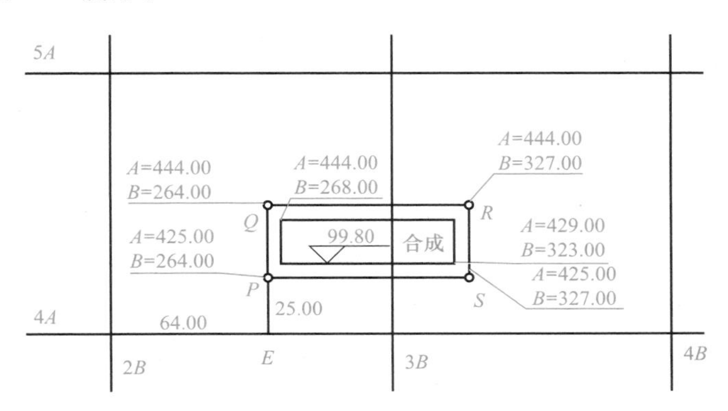

图 6-60　测设简图

实地测设时，可依据厂区建筑方格网，按照直角坐标法进行。P、Q、R、S 是布设在基坑开挖边线以外 4 m 处的厂房矩形控制网的四个角桩，控制网的边与厂房轴线平行。根据放样数据，从建筑方格网的(4A，2B)点起，按照测设已知水平距离的方法，在方格轴线上定出 E 点，使其与方格点的距离为 64.00 m，然后将经纬仪安置在 E 点，后视方格点(4A，2B)，按照测设已知水平角度的方法，测设一直角方向边，再于此测设方向上按照测设已知水平距离的方法，定出 P 点，使其与 E 点的距离为 25.00 m，继续在此方向上定出 Q 点，使 Q 点与 P 点的距离为 19.00 m，同时在地面用大木桩标定。用同样的方法测设 R、S 点以建立厂房控制网。最后进行校核，先实测$\angle P$ 和$\angle S$，其与 90°的差不应超过±10″；精密测量 PS 的距离，并与设计距离比较，其相对误差不应超过 1/20 000～1/10 000(中型厂房不应超过 1/20 000，角度偏差不应超过±7″)。

厂房控制网的角桩测设好后，即可测设各矩形边上的距离指示柱，同时均应打上木桩，并用小钉表示出桩的中心位置。距离指示桩的测设允许偏差一般为±5 mm。

2. 大型工业厂房矩形控制网的测设

对于大型或设备基础复杂的厂房，由于施测精度要求较高，为了保证后期测设的精度，其矩形厂房控制网的建立一般分两步进行。应先依据厂区建筑方格网精确测设出厂房控制网的主轴线及辅助轴线(可参照建筑方格网主轴线的测设方法进行)，当校核达到精度要求后，再根据主轴线测设厂房矩形控制网，并测设各边上的距离指示桩，一般距离指示桩位于厂房柱列轴线或主要设备中心线方向上。最终应进行精度校核，直至达到要求。

大型厂房的主轴线的测设精度，边长的相对误差不应超过 1/30 000，角度偏差不应超过±5″。

3. 厂房改建与扩建时的控制测量

在对旧厂房进行改建或扩建前，最好能找到原有厂房施工时的控制点，作为扩建与改建时进行控制测量的依据，但原有控制点必须与已有的吊车轨道及主要设备中心线联测，将实测结果提交设计部门。

若原厂房控制点已不存在，应按下列不同情况，恢复厂房控制网：

(1)厂房内有吊车轨道时，应以原有吊车轨道的中心线为依据。

(2)扩建与改建的厂房内的主要设备与原有设备有联动或衔接关系时，应以原有设备中心线为依据。

(3)厂房内无重要设备及吊车轨道时，以原有厂房柱子中心线为依据。

三、厂房外轮廓轴线和柱列轴线测设

厂房矩形控制网建立后，根据控制桩和距离指示桩，用钢尺沿矩形控制网各边按照柱列间距和跨距逐段量出厂房外轮廓轴线端点及各柱列轴线端点(各柱子中心线与矩形边的交点)的位置，并设置轴线控制桩，且在桩顶钉小钉，作为厂房轴线及柱基放样和厂房构件安装的依据。如图 6-61 所示，A、C、1、6 点即外轮廓轴线端点，B、2、3、4、5 点即柱列轴线端点。然后，将两台经纬仪分别安置于外轮廓轴线端点(如 A、1 点)上，分别后视对应端点(如 A、1 点)，即可交会出厂房的外轮廓轴线角桩点 E、F、G、H，在测设厂房轴线及柱列轴线的同时应打上角桩标志。

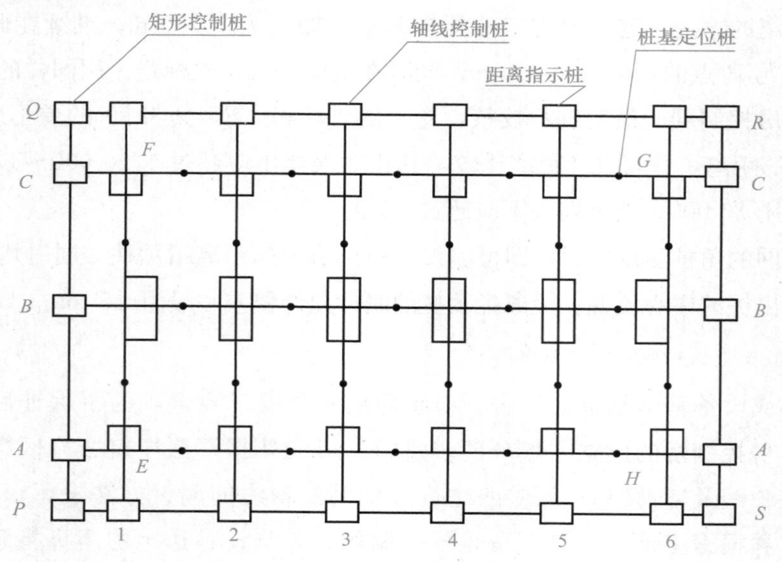

图 6-61　厂房外轮廓轴线和柱列轴线的测设

四、厂房基础施工测量

1. 混凝土杯形基础施工测量

(1)柱基定位放线。用定外轮廓轴线角桩点相同的方法，依据轴线控制桩交会出各柱列轴线上柱基的中心位置。然后，在离柱基开挖边线 0.5～1.0 m 处的轴线方向上定出四个柱基定位桩，并钉上小钉标示柱子轴线的中心线，供修坑立模之用，如图 6-62 所示。在桩上拉细线绳，最后用特制的 T 形尺，按基抽详图的尺寸和基坑放坡宽度 a，进行柱基及开挖边线的放线，用灰线把基坑开挖边线的实地位置标出，如图 6-63 所示。同法，可放出全部柱基。

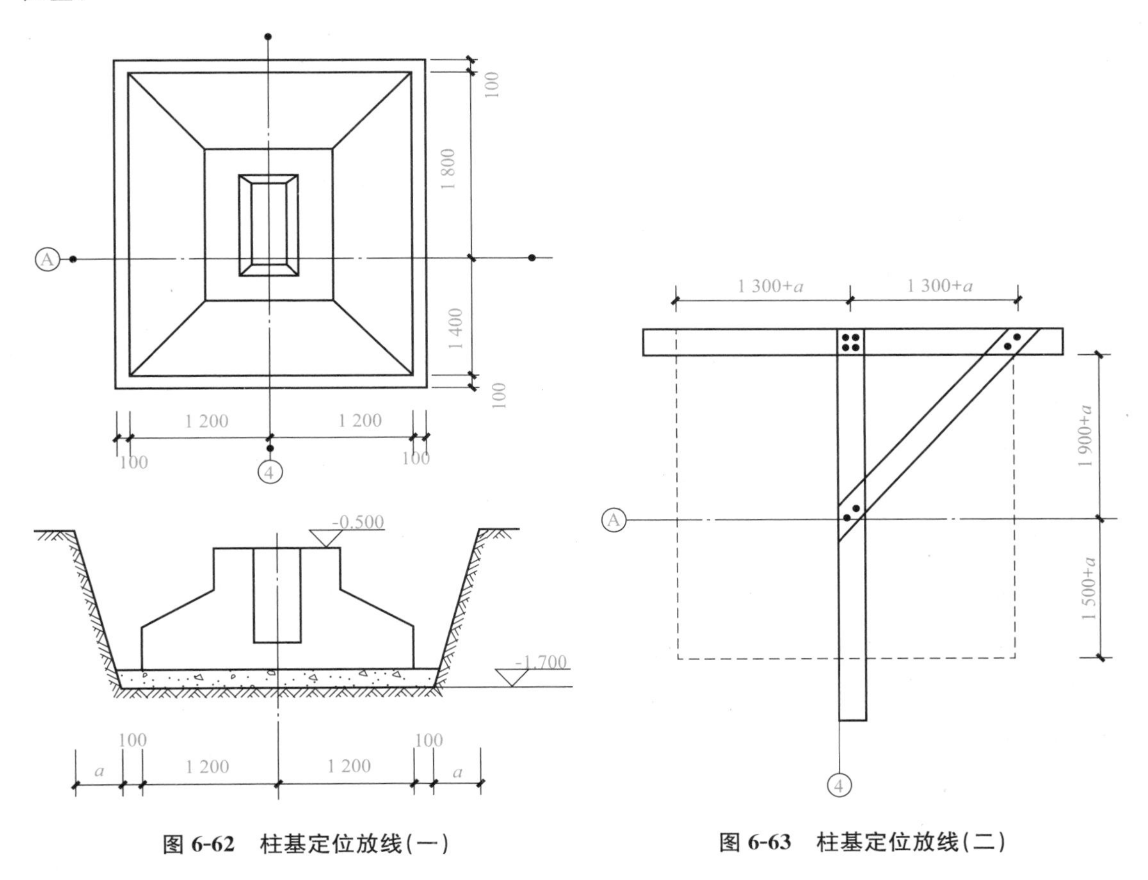

图 6-62　柱基定位放线(一)　　　图 6-63　柱基定位放线(二)

(2)基坑抄平。当基坑开挖到一定深度，快要挖到柱基设计标高(一般距基底 0.3～0.5 m)时，应在基坑的四壁或者坑底边沿及中央打入小木桩，并用水准仪在木桩上引测同一高程的标高，以便根据标点拉线修整坑底和打垫层。其标高的容许误差为±5 mm。

(3)基础模板的定位测量。垫层打好后，根据柱基定位桩用拉线、吊垂球的方法在垫层上放出基础中心线，并依据柱基的设计尺寸弹墨线标明柱基位置，作为柱基立模和布置钢筋的依据。立模时，其模板上口还可由坑边定位桩直接拉线，用吊垂球的方法检查模板的位置是否正确、竖直。然后，用水准仪在模板的内壁引测基础面的设计标高，并画线标明，作为浇筑混凝土的依据。在立杯底模板时，应注意使实际浇筑的杯底顶面比原设计的标高略低 3～5 cm，以便拆模后填高修平杯底。

(4)杯口中线投点与抄平，如图 6-64 所示。

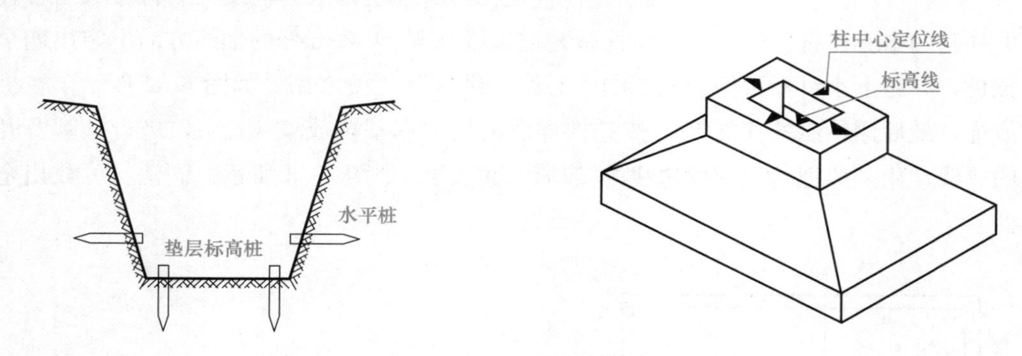

图 6-64　杯口中线投点与抄平

在柱基拆模之后，根据矩形控制网上柱子中线端点桩，用经纬仪把柱中线投测到杯口顶面，并绘三角标志标明，以备吊装柱子时使用(图 6-64)。中线投点一般有两种方法：一种是将仪器安置在柱中线的一个端点，照准另一个端点而将中线投到杯口上；另一种是将仪器置于中线上的适当位置，照准控制网上柱基中线两端点，采用正倒镜法进行投点。

同时为了修平杯底，还需在杯口内壁测设某一标高线，用三角标志标明，其一般比杯形基础顶面略低 10 cm，且与杯底设计标高的距离为整分米数，以便根据该标高线来修平杯底。

2. 钢柱基础施工测量

对于钢结构柱子基础，顶面通常设计为一平面，通过锚栓将钢柱与基础连成整体。施工时应注意保证基础顶面标高及锚栓位置的准确。钢结构下面支撑面的允许偏差，高度为 ±2 cm，倾斜度为 1/1 000；锚栓位置的允许偏差，在支座范围内为 ±5 mm。

钢柱基础定位与基坑底层抄平方法均与混凝土杯形基础相同，其特点是基坑较深且基础下面有垫层，以及进行与混凝土形成基础整体的地脚螺栓的埋设。其施测方法与步骤如下：

(1)钢柱基础垫层中线投点和抄平。垫层混凝土凝结后，应在垫层面上投测柱基中线，并根据中线点弹出墨线，绘出地脚螺栓固定架的位置，以作为安置螺栓固定架及根据中线支立模板的依据，如图 6-65 所示。

投测中线时，经纬仪必须安置在基坑旁，保证视线能看到坑底，然后照准矩形控制网上基础中线的两端点，用正倒镜法，先将经纬仪中心导入中线内，然后进行中线点的投点，并在垫层面上做标志。

螺栓固定架位置在垫层上绘出后，即可在固定架外框四个角落测设标高，以便用来检查并修平垫层混凝土面，使其符合设计标高，以便于固定架的安装。如基础过深，从地面上直接引测基础地面标高。标尺不够长时，可采用悬吊钢尺的方法测设。

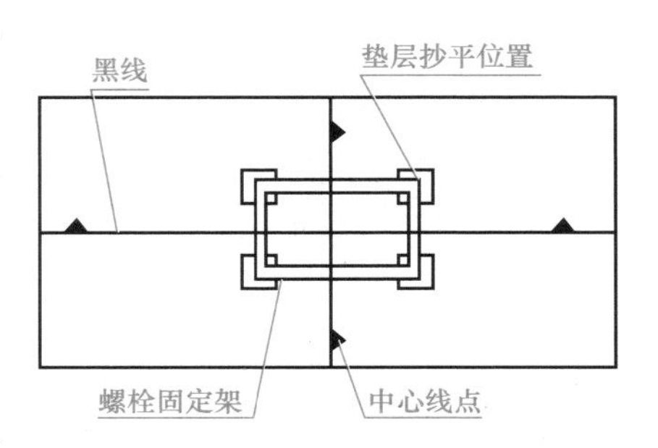

图 6-65　绘制地脚螺栓固定架的位置

(2)地脚螺栓固定架中线投点与抄平。

1)固定架的安置。固定架一般是用钢材制作的，用来锚定地脚螺栓及其他埋设件。如图 6-66 所示，根据垫层上的中线和所画的位置将其安置在垫层上，然后根据在垫层上测定的标高点，进行地脚抄平，将高的地方的混凝土打去一些，在低的地方垫以小块钢板并与底层钢网焊牢，使其符合设计标高。

2)固定架抄平。固定架安置好后，用水准仪测出四根横梁的标高，以检查固定架高度是否符合设计要求，其允许偏差为－5 mm，但应不高于设计标高。标高满足要求后，将固定架与底层钢筋焊牢，并加焊支撑钢筋。若是深基坑固定架，应在其脚下浇筑混凝土，使其稳固。

3)中线投点。在投点前，应对矩形控制边上的中心端点进行检查，然后根据相应两端点，将中线投测在固定架横梁上，并刻绘标志。其中线投点偏差(相对于中线端点)为±1～±2 mm。

(3)地脚螺栓的安装与标高测量。根据垫层上和固定架上投测的中心点，把地脚螺栓安放在设计位置。为了测定地脚螺栓的标高，在固定架的斜对角处焊两根小角钢(如图 6-66 中高出固定架的标高点部分)，在其上引测同一数值的标高点，并刻绘标志，其高度应比地脚螺栓的设计标高稍低一些。然后，在角钢上两标点处拉一细钢丝，以定出螺栓的安装高度。待螺栓安装好后，测出螺栓第一丝扣的标高。地脚螺栓的高度不应低于其设计标高，容许偏高为＋5～＋25 mm。

(4)支立模板与浇筑混凝土时的测量工作。钢柱基础支模阶段的测量工作与混凝土杯形基础相同。其特别之处在于，在浇灌基础混凝土时，为了保证地脚螺栓位置及高度的正确，应进行看守观测，若发现其变动应立即通知施工人员及时处理。

(5)小型钢柱的地脚螺栓定位测量。由于小型设备钢柱的地脚螺栓直径小，重量轻，为了节约钢材，可以不用钢筋固定架而采用木架固定，这种木架与基础模板连接在一起，在模板与木架支撑牢固后，即在其上投点放线(图 6-67)。地脚螺栓安装以后，检查螺栓第一丝扣标高是否符合设计要求，合格后即可将螺栓焊牢在钢筋网上。由于木架稳定性较差，为了保证质量，模板与木架必须支撑牢固，在浇灌混凝土的过程中必须进行看守观测。

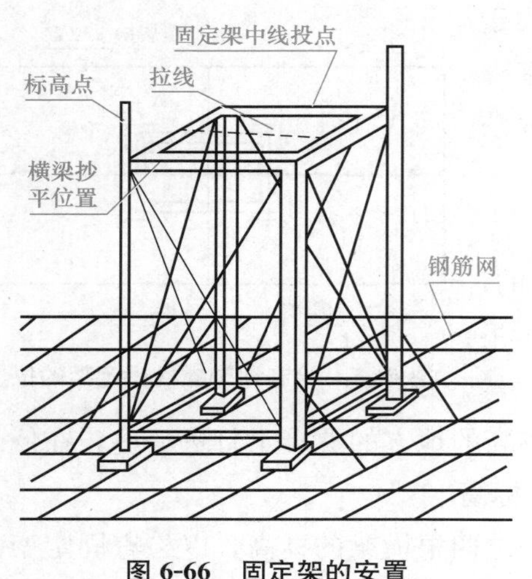

图 6-66　固定架的安置

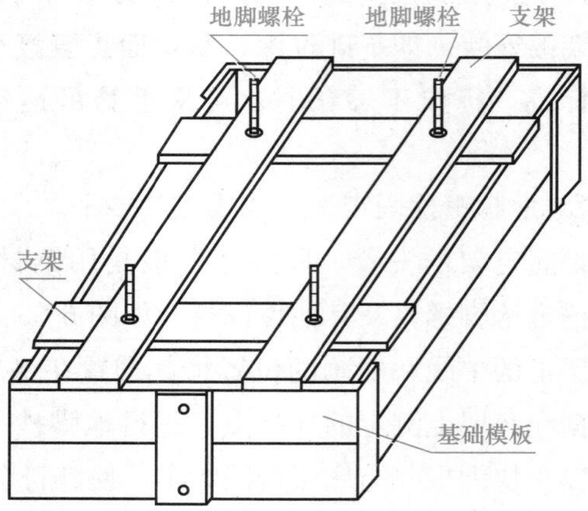

图 6-67　地脚螺栓定位测量

3. 混凝土柱子基础及柱身、平台施工测量

当基础、柱身及其上面的各层平台采用现场捣制混凝土的方法进行施工时，为了配合施工，一般应进行以下施工测量工作：

(1)基础中线投点及标高测设。当基础混凝土凝固拆模后，即可根据矩形控制网边线上的柱子中线端点桩，将中线投测在靠近杯底的基础面上，并在露出的钢筋上测设出标高点，以供进行柱身支立模板时确定柱高及对正中心之用，如图 6-68 所示。

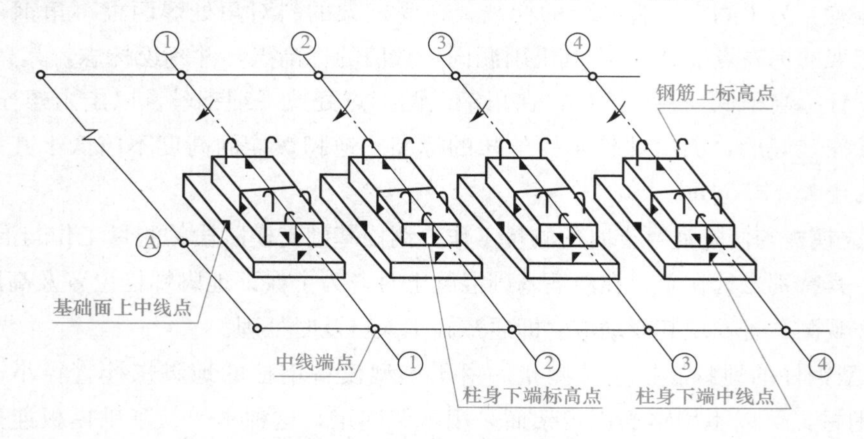

图 6-68　基础中线投点及标高测设

(2)柱身垂直度测量。柱身模板支好后，必须用经纬仪检查柱子的垂直度。由于现场通视困难，一般采用平行线投点法来检查柱子的垂直度，并将柱身模板校正。其施测过程为：首先，在柱子模板上据外框量出柱子中心点，然后将其与柱身下端中心点相连，并在模板上弹出墨线(图 6-69)。其次，根据柱中线控制桩 A、B 测设 AB 的平行线 $A'B'$，其间距一般为 1～1.5 m。将经纬仪安置于 B'，照准 A'，并在柱上由一人水平横放木尺，使其零点对

正模板中线，纵转望远镜仰视木尺。若十字丝正好对准 1 m 或 1.5 m 处，则柱子模板垂直，否则应将模板向左或向右移动，直至十字丝正好对准 1 m 或 1.5 m 处为止。

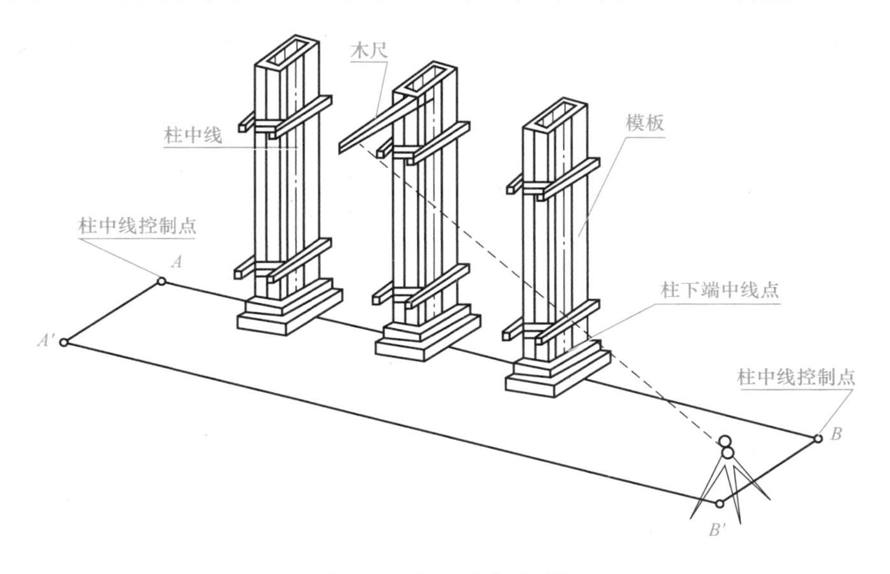

图 6-69　柱身垂直度测量

(3)柱顶及平台模板抄平。柱子模板校正好后，应选择不同行、列的 2～3 根柱子，从柱子下面已测好的标高 A，用钢尺沿柱身向上量距，各引测一个高程数据相同的点于柱子上端模板上。然后，在平台模板上安置水准仪，以柱上引测的任一标高点作后视，施测柱顶模板的标高，再闭合于另一引测的标高点以资校核。平台模板支好后，必须用水准仪检查平台模板的标高和水平情况，其操作方法与柱顶模板抄平相同。

(4)高层标高的引测及柱中线投点。在第一层柱子与平台混凝土浇筑好后，需将柱子中线及标高引测到第一层平台上，以作为支立第二层柱身模板和第二层平台模板的依据，以此类推。其上层标高的引测可根据柱子下端标高点用钢尺沿柱身向上量距标点得到。而上层柱顶中线的引测，可用经纬仪轴线投测方法进行。其方法一般是将仪器安置于柱中线控制点上，照准柱子下端的中线点，仰视向柱子上端投点，并作标记(图 6-70)。若仪器安置位置与柱子间距过短，仰角大，不便于投点时，可将中线端点 A 用正倒镜法延长至远端的 A'点，然后安置仪器于 A'再向上投点。其标高的引测偏差为±5 mm；纵横中

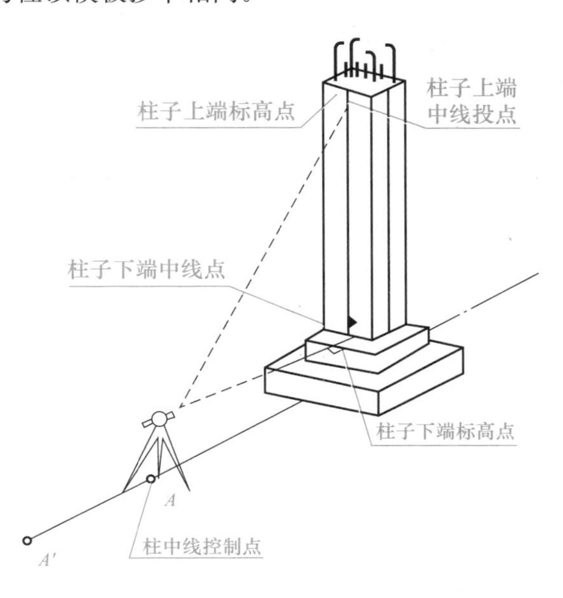

图 6-70　柱顶及平台模板抄平

线投点偏差，投点高度在 5 m 以下时，为±3 mm；投点高度在 5 m 以上时，为±5 mm。

4. 设备基础施工测量

设备基础施工方法一般有两种。一种是在厂房柱子基础和厂房部分建成后才进行设备基础施工。若采用此施工方法，测设前，必须将厂房外面的控制网在砌筑砖墙之前，引入厂房内部，布设一个内控制网，作为设备基础施工和设备安装放线的依据。另一种是厂房柱基与设备基础同时施工，这时则不需建立内控制网，一般是将设备基础主要中线的端点测设在厂房矩形控制网上。然后，在设备基础支立模板或埋设地脚螺栓时，局部架设木线板或钢线板，用以测设螺栓组中心线。

对于第一种施工方法，其内控制网的设置，一般是根据厂房矩形控制网引测，其投点允许偏差应为±2～±3 mm，内控制点应选在施工中不易被破坏的稳定柱子上，各标点高度最好一致，以便量距及相互通视。点的疏密程度可根据厂房的大小及厂内设备分布情况而定，在满足施工定线的要求下，尽可能少布点，减少工作量。

中、小型设备基础内控制网的设置：其内控制网的标点一般采用在柱子上预埋标板的方法，如图 6-71 所示，然后将柱中线投测于标板之上，以构成内控制网。

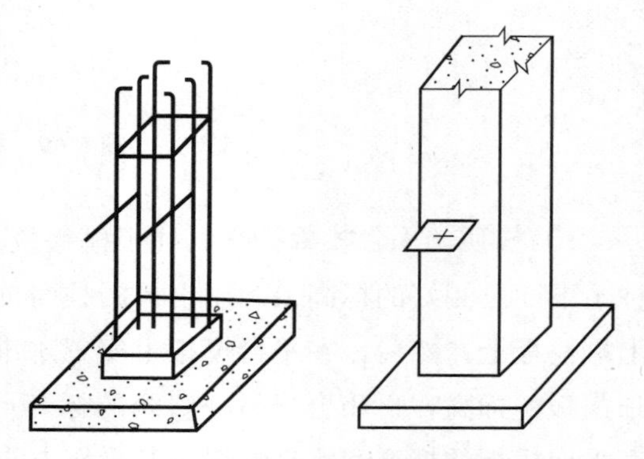

图 6-71　设备基础内控制网的设置

大型设备基础内控制网的设置：由于大型连续生产设备基础中线及地脚螺栓组中线很多，为便于施工放线，可将槽钢水平焊接在厂房钢柱上；然后，根据厂房矩形控制网，将设备基础主要中线的端点投测于槽钢上，以建立内控制网。图 6-72 所示为某大型设备基础内控制网立面布置图，先在设置内控制网的厂房钢柱上引测相同高程的标点，其高度以便于量距为原则，然后将 50mm ×100 mm 的槽钢或 50 mm × 500 mm 的角钢水平放置，焊牢于钢柱之上。为了使其牢固，可加焊角钢于钢柱上。若柱间跨距过大，因钢材会发生挠曲，应在其中间加一木支撑。

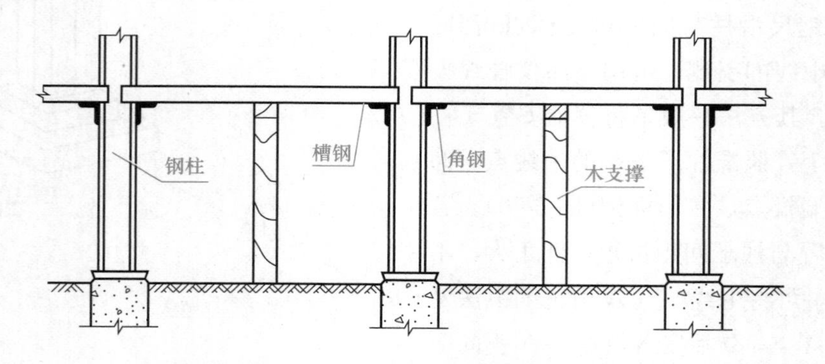

图 6-72　某大型设备基础内控制网立面布置图

对于第二种施工方法，由于大型设备基础与厂房基础同时施工，因而不需要设置内控制网，而采用在靠近设备基础的周围架设钢线板或木线板的方法进行基础施工控制。首先，根据厂房矩形控制网，将设备基础的主要中线投测于线板上；然后，根据主要中线用精密量距的方法，在线板上定出其他中线和地脚螺栓组中心的位置；最后，依此拉线来安装各地脚螺栓。

设备基础控制网设置好后，即可进行设备基础及地脚螺栓的定位测量工作。中、小型设备基础定位的测设方法基本与厂房基础定位相同。不过在基础平面图上，若设备基础的位置是以基础中线与柱子中线的关系来表示的，则计算测设数据时，需将设备基础中线与柱子中线的关系换算成与矩形控制网上距离指示桩的关系尺寸，然后在矩形控制网的纵横对应边上测定基础中线的端点。对于采用封闭式施工的基础工程(即先进行厂房施工后进行设备基础施工)，应根据测设的内控制网进行基础定位测量。

对于大型设备基础定位测量，由于大型设备基础中线较多，为了便于施测，防止产生错误，在基础定位之前，必须根据基础设计原图编绘基础中线测设图。将全部中线及地脚螺栓组的中线统一编号，并将其与柱子中线和厂房控制网上距离指示桩的尺寸关系注明。定位放线时，按照中线测设图，在厂房控制网或内控制网对应边上测出中线的端点；然后，在距离基础开挖边线 1～1.5 m 处，用经纬仪交会定出中心桩，以便开挖设备基础定位放线之后，即进行基坑开挖施工。

设备基础定位放线之后，即进行基坑开挖施工。在开挖时，应根据厂房控制网或场地上的其他控制点测定挖土边界线，其容许误差为±5 cm，而标高可根据施工现场上布设的水准点来测量，其容许误差为±3 cm。在基坑挖土中，应经常检查挖土高度。当挖土竣工后，应实测挖土面标高，测量容许误差为±2 cm。

在设备基础垫层施工中，应进行基础坑底抄平与垫层中线投点两项测设工作，以作为安装固定架、埋设地脚螺栓及支立基础模板的依据。其测设方法参见钢柱基础施工测量部分。

完成垫层施工后，便可进行设备基础上层的放线测量工作，其主要包括固定架的安置、地脚螺栓的埋设及抄平、基础模板的标高测设等工作，其施测方法同前。但应注意，大型设备基础的地脚螺栓很多，而且大、小类型和标高不一，为使安装地脚螺栓时其位置和标高都符合设计要求，必须在施测前绘制地脚螺栓图作为施测的依据。

最后进行设备基础中线标板的埋设与投点工作，它是设备安装或砌筑时确定中点线的重要依据。标板埋设位置务必正确且应牢固，一般按以下规定进行埋设：

(1)联动设备基础的生产轴线，应埋设必要数量的中线标板。

(2)重要设备基础的主要纵、横中线上应埋设中线标板。

(3)结构复杂的工业炉基础纵、横中线，环形炉及烟囱的中位置等均应埋设中线。标板可采用小钢板下面加焊两锚固脚的形式或用 $\phi18$～$\phi22$ 的钢筋制成卡钉，在基础混凝土未凝固前，将其埋设在中线的位置，埋标时应使顶面露出基础面 3～5 mm，至基础的边缘距离为 50～80 mm。

然后，利用经纬仪采用正倒镜法，将仪器安置于中线上，后视控制网边线上的中线端点，在埋设好的标板上进行中线投点；或者将仪器安置于厂房矩形控制网边线上的中线端点桩上，照准中线上的对应端点，在标板上完成中线投点工作。

五、厂房预制构件安装测量

装配式单层厂房主要由柱子、梁、吊车轨道、屋架、天窗和屋面板等主要构件组成。一般工业厂房都采用预制构件在现场安装的方法进行施工。为了配合施工人员搞好施工，一般要进行以下测设工作。

1. 柱子的安装测量

(1)柱子安装前的准备工作。

1)对基础中线及其间距、基础顶面和杯底标高进行复核，符合设计要求后，才可以进行安装工作。

2)把每根柱子按轴线位置进行编号，并检查柱子的尺寸是否符合图纸的尺寸要求，如柱长、断面尺寸、柱底到牛腿面的尺寸、牛腿面到柱顶的尺寸等，检查无误后，才可进行弹线。

3)在柱身的三面，用墨线弹出柱中线，每个面在中线上画出上、中、下三点水平标记，并精密量出各标记间的距离(图 6-73)。

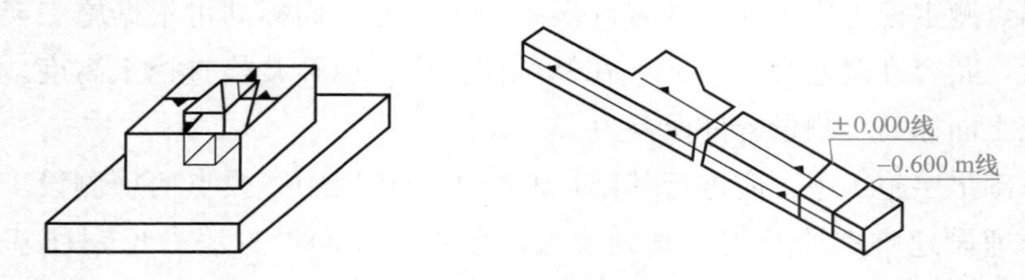

图 6-73　柱子的安装测量

4)调整杯底标高，检查牛腿面到柱底的长度，看其是否符合设计要求，如不符合，就要根据实际柱长修整杯底标高，以使柱子吊装后，牛腿面的标高基本符合设计要求。具体做法是在杯口内壁测设某一标高线(如一般杯口顶面标高为－0.500 m，则在杯口内抄上－0.600 m 的标高线)。然后根据牛腿面设计标高，用钢尺在柱身上量出±0.000 和某一标高线(如－0.600 m 的标高线)的位置，并涂画红三角标志。分别量出杯口内某一标高线至杯底的高度、柱身上某一标高线至柱底的高度，并进行比较，以修整杯底，将高的地方凿去一些，将低的地方用水泥砂浆填平，使柱底与杯底吻合。

(2)柱子安装时的测量。柱子安装时应满足的要求是保证柱子的平面和高程位置均符合设计要求，而且柱身垂直。预制钢筋混凝土柱吊起插入杯口后，应使柱底三面的中线与杯口中线对齐，并用硬木楔或钢楔作临时固定。如有偏差，可用锤敲打楔子拨正。其偏差限值为±5 mm。

钢柱吊装要求基础面设计标高加上柱底到牛腿面的高度，应等于牛腿面的设计标高。首先，根据基础面上的标高点修整基础面，再根据基础面设计标高与柱底到牛腿面的高度算出垫板厚度。安放垫板时需用水准仪抄平予以配合，使其符合设计标高。

钢柱在基础上就位以后，应使柱中线与基础面上的中线对齐。

柱子立稳后，即应观测±0.000 点标高是否符合设计要求。其允许误差，一般预制钢筋混凝土柱应不超过±3 mm，钢柱应不超过±2 mm。

(3)柱子垂直校正测量。进行柱子垂直校正测量时，应将两架经纬仪安置在柱子纵、横中心轴线上，且距离柱子约为柱高的 1.5 倍的地方，如图 6-74 所示。先照准柱底中线，固定照准部，再逐渐仰视到柱顶。若中线偏离十字丝的竖丝，表示柱子不垂直，可指挥施工人员采用调节拉绳、支撑或敲打楔子等方法使柱子垂直。经校正后，柱的中线与轴线的偏差不得大于±5 mm；柱子垂直度容许误差为 $H/1\ 000$，当柱高在 10 m 以上时，其最大偏差不得超过±20 mm；柱高在 10 m 以内时，其最大偏差不得超过±10 mm。满足要求后，要立即灌浆，以固定柱安置。

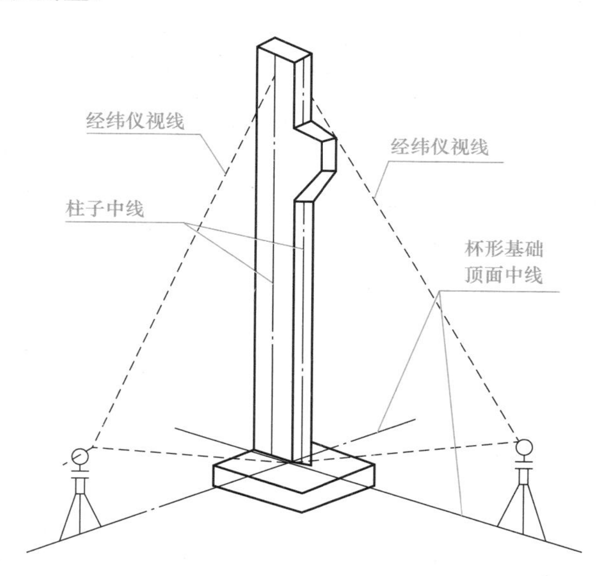

图 6-74　柱子垂直校正测量

在实际工作中，一般是一次把成排的柱子都竖起来，然后才进行垂直校正，如图 6-75 所示。这时，可把两台经纬仪分别安置在纵、横轴线一侧，偏离中线不得大于 3 mm，安置一次仪器即可校正几根柱子。但在这种情况下，柱子上的中心标点或中心墨线必须在同一平面上，否则仪器必须安置在中线上。

2. 吊车梁的安装测量

进行吊车梁的安装，其测量工作主要是测设吊车梁的中线位置和梁的标高位置，以满足设计要求。

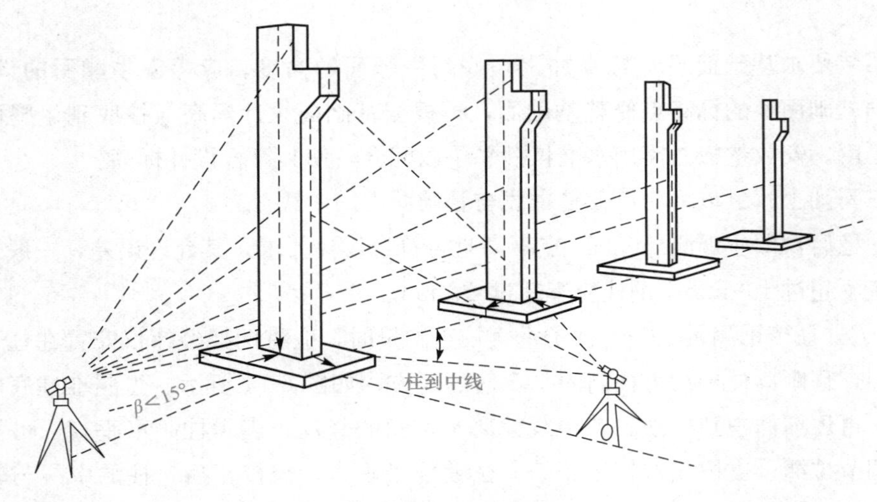

图 6-75　成排柱子的垂直校正

(1)吊车梁安装时的中线测设。根据厂房矩形控制网或柱中心轴线端点，在地面上定出吊车梁中线(也即吊车轨道中线)控制桩，然后用经纬仪将吊车梁中线投测在每根柱子的牛腿上，并弹以墨线，投点误差为±3 mm。吊装时使吊车梁中线与牛腿上中线对齐。

(2)吊车梁安装时的标高测设。吊车梁顶面标高应符合设计要求。根据±0.000 标高线，沿柱子侧面向上量取一段距离，在柱身上定出牛腿面的设计标高点，作为修平牛腿面及加垫板的依据。同时在柱子的上端比梁顶面高 5～10 cm 处测设一标高点，据此修平梁顶面。梁顶面置平以后，应安置水准仪于吊车梁上，以柱子牛腿上测设的标高点为依据，检测梁面的标高是否符合设计要求，其容许误差应不超过±3～±5 mm。

3. 吊车轨道的安装测量

进行**吊车轨道的安装**，其测设工作主要是进行轨道中心线和轨顶标高的测量，使其符合设计要求。

(1)在吊车梁上测设轨道中线。**用平行线法测定轨道中线**。在牛腿上安放好吊车梁后，第一次投在牛腿上的中线已被吊车梁所掩盖，所以，在梁面上须投测轨道中线，以便安装吊车轨道。

具体测设方法是先在地面上沿垂直于柱中线的方向 AB 和 $A'B'$ 各量一段距离 AE 和 $A'E'$，令 $AE=A'E'=1+L$(L 为柱列中线到吊车轨道中线的距离)，则 EE' 为与吊车轨道中线相距 1 m 的平行线(图 6-76)。然后，将经纬仪安置在 E 点，照准 E' 点，固定照准部，将望远镜逐渐仰视以向上投点。这时，指挥一人在吊车梁上横放一支 1 m 长的木尺，并使木尺一端在视线上，则另一端即轨道中线的位置，同时在梁面上画线标记此点位。用同样的方法定出轨道中线的其他各点。用同样的方法测设吊车轨道的另一条中线的位置。也可以按照轨道中线的间距，根据已定好的一条轨道中线，用悬空量距的方法定出来。

根据吊车梁两端投测的中线点测定轨道中线。根据地面上柱子中线控制点或厂房矩形控制网点，测设出吊车梁(吊车轨道)中线点。然后，根据此点用经纬仪在厂房两端的吊车梁面上各投一点，两条吊车梁共投测四点，其投点容许误差为±2 mm。再用钢尺丈量两端所投中线点的跨距，看其是否符合设计要求，如超过±5 mm，则以实测长度为准予以调整。将仪器安置于吊车梁一端中线点上，照准另一端点，在梁面上进行中线投点加密，一般每隔18～24 m加密一点。若梁面过窄，不能安置三脚架，应采用特殊仪器架来安置仪器。

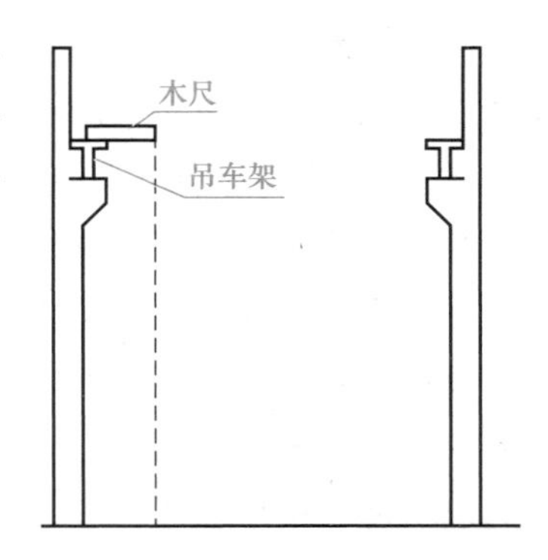

轨道中线最好在屋面安装后测设，否则当屋面安装完毕后，应重新检查中线。在测设吊车梁中线时，应将其方向引测在墙上或屋架上。

(2)吊车轨道安装时的标高测设。在吊车轨道面上投测好中线点后，应根据中线点弹出墨线，以便安放轨道垫板。在安装轨道垫板时，应根据柱子上端测设的标高点，测设出垫板标高，使其符合设计要求，以便安装轨道。梁面垫板标高测设的容许误差为±2 mm。

(3)吊车轨道的校核。在吊车梁上安装好吊车轨道以后，必须进行轨道中线检查测量，以校核其是否成直线，还应进行轨道跨距及轨顶标高的测量，看其是否符合设计要求。要对检测结果进行记录，作为竣工验收资料。轨道安装竣工校核测量容许误差应满足以下各检查要求：

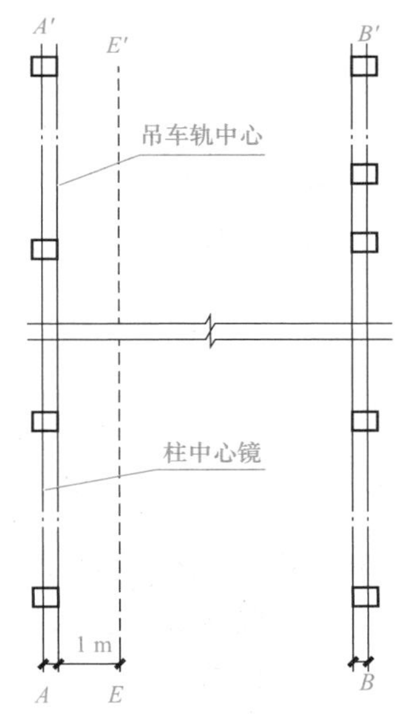

图6-76 在吊车梁上测设轨道中心线

1)轨道中线的检查。安置经纬仪于吊车梁上，照准预先在墙上或屋架上引测的中线的两端点，用正倒镜法将仪器中心移至轨道中线上；然后，每隔18 m投测一点，检查轨道的中心是否在一直线上，其允许偏差为±2 mm。若超限，则应重新调整轨道，直至达到要求为止。

2)跨距检查。在两条轨道对称点上，用钢尺精密丈量其跨距尺寸，其实测值与设计值相差不得超过±3～±5 mm，否则应予以调整。

轨道安装中线经调整后，必须保证轨道安装中线与吊车梁实际中线的偏差小于±10 mm。

3)轨顶标高检查。吊车轨道安装好后，必须根据在柱子上端测设的标高点(水准点)检查轨顶标高。必须在每两轨接头之处各测一点，中间每隔6 m测量一点，其容许误差为±2 mm。

4. 屋架安装测量

(1)柱顶抄平测量。屋架是搁在柱顶上的，在安装屋架之前，必须根据各柱面上的

±0.000 标高线，利用水准仪或钢尺，在各柱顶部测设相同高程数据的标高点，以作为柱顶抄平的依据，据此安装屋架，才能保证屋架安装平齐。

(2)屋架定位测量。安装屋架前，需用经纬仪或其他方法在柱顶上测设出屋架的定位轴线，并应弹出屋架两端的中线，以作为屋架定位的依据。屋架吊装就位时，应使屋架的中线与柱顶上的定位线对准，其允许偏差为±5 mm。

(3)屋架垂直控制测量。在厂房矩形控制网边线上的轴线控制桩上安置经纬仪，照准柱子上的中线，固定照准部，然后将望远镜逐渐抬高，观测屋架的中线是否在同一竖直面内，以此进行屋架的竖直校正。当观测屋架顶有困难时，也可在屋架上横放三把 1 m 长的小木尺进行观测，其中一把安放在屋架上弦中点附近，另外两把分别安放在屋架的两端，使木尺的零刻划正对屋架的几何中心。然后在地面上距屋架中线为 1 m 处安置经纬仪，观测三把尺子的 1 m 刻划是否都在仪器的竖丝上，由此即可判断屋架的垂直度。

也可用悬吊垂球的方法进行屋架垂直度的校正。屋架校正垂直后，即可将屋架用电焊固定。屋架安装的竖直容许误差为屋架高度的 1/250，但不得超过±15 mm。

任务七　钢结构工程施工测量

随着我国经济的不断增长，建筑行业发展较快，目前已大批量地采用钢结构来建造。为此，应掌握钢结构建筑的施工特点及相应的施工测量方法，以保证工程建设的顺利进行。其基本测设程序与工业建筑、民用建筑的施测程序基本相同，不过也有其独特的地方，具体介绍如下。

一、平面控制

建立施工控制网对高层钢结构施工是极为重要的。控制网离施工现场不能太近，应考虑到钢柱的定位、检查、校正。

二、高程控制

高层钢结构工程标高测设极为重要，其精度要求高，故施工场地的高程控制网，应根据城市二等水准点来建立一个独立的三等水准网，以便在施工过程中直接应用，在进行标高引测时必须先对水准点进行检查。三等水准高差闭合差的容许误差应达到$\pm 3\sqrt{n}$(mm)，其中 n 为测站数。

三、定位轴线检查

定位轴线从基础施工起就应引起重视，必须在定位轴线测设前做好施工控制点及轴线控制点，待基础浇筑混凝土后再根据轴线控制点将定位轴线引测到柱基钢筋混凝土底板面上，然后预检定位轴线是否同原定位重合、闭合，每根定位线总尺寸误差值是否超过限差值，纵、横网轴线是否垂直、平行。预检应由业主、监理、土建、安装四方联合进行，对检查数据要统一认可鉴证。

四、柱间距检查

柱间距检查是在定位轴线认可的前提下进行的，一般采用检定的钢尺实测柱间距。柱间距偏差值应严格控制在±3 mm范围内，绝不能超过±5 mm。若柱间距超过±5 mm，则必须调整定位轴线。原因是定位轴线的交点是柱基点，钢柱竖向间距以此为准，框架钢梁的连接螺孔的直径一般比高强度螺栓的直径大1.5～2.0 mm。柱间距过大或过小，均会直接影响整个竖向框架梁的安装连接和钢柱的垂直，安装中还会有安装误差。在结构上面检查柱间距时，必须注意安全。

五、单独柱基中线检查

检查单独柱基的中线同定位轴线之间的误差，若超过限差要求，应调整柱基中线，使其同定位轴线重合，然后以柱基中线为依据，检查地脚螺栓的预埋位置。

六、标高实测

以三等水准点的标高为依据，对钢柱柱基表面进行标高实测，将测得的标高偏差用平面图表示，以作为临时支承标高块调整的依据。

七、轴线位移校正

任何一节框架钢柱的校正，均以下节钢柱顶部的实际中线为准，使安装的钢柱的底部对准下面钢柱的中线即可。因此，在安装过程中，必须时时进行钢柱位移的监测，并根据实测的位移量结合实际情况加以调整。调整位移时应特别注意钢柱的扭转，因为钢柱的扭转对框架钢柱的安装很不利，必须引起重视。

思考题与练习

1. 施工测量有什么特点?
2. 施工测量的主要工作有哪些?
3. 对同类建筑物和构筑物来说，施工测量的精度可以如何考虑?
4. 测设的基本工作主要包括哪些内容?
5. 测设的基本工作各有哪些方法?
6. 简述用全站仪测设水平距离的方法。

7. 建筑施工平面控制网和高程控制网各有哪些形式?
8. 建筑基线通常可以布设哪几种形式? 其点数有何要求?
9. 现场设置建筑基线有哪几种方法?
10. 建筑方格网有何优点? 一般由谁进行?
11. 测量坐标系统与施工坐标系统的区别有哪些?
12. 测设前的准备工作有哪些?
13. 什么是建筑物的定位? 常见的定位方法有哪几种?
14. 什么是建筑物的放线? 引测轴线的方法有哪几种?
15. 高层建筑的轴线投测有哪几种? 其适用条件如何?
16. 高层建筑的高程传递的方法有哪几种?
17. 在滑模施工过程中所做的测量工作主要有哪些? 如何进行?
18. 工业厂房放样的主要工作内容有哪些?
19. 确定厂房矩形控制网的放样方案的资料依据有哪些?
20. 大型厂房的主轴线的测设精度如何?
21. 钢结构建筑的施工测量方法与工业建筑、民用建筑的施测的不同点有哪些?
22. 钢结构建筑定位轴线预检应由哪四方联合进行?

参考答案

项目七　变形观测

学习重点

(1)变形观测的目的及主要内容。

(2)沉降观测的内容及观测方法。

(3)变形观测应遵循的原则。

(4)倾斜观测的内容及观测方法。

(5)水平位移的观测方法。

(6)竣工测量的内容及竣工总平面图的编制方法。

技能目标

(1)学会水准点及观测点的布设方法和要求。

(2)学会观测的方法与要点及观测周期。

应用能力

能根据原始数据进行观测成果整理。

案例导入

在建筑工程施工的各个阶段以及修缮过程中，建筑物的地基基础所承受的载荷在不断地增加，加上地基土的受力变形，以及建筑物内部应力的作用，都可能使建筑物发生变形。这些变形如果不超过一定限度，就不会影响建筑物的正常使用。如果变形严重，可视之为异常现象，其将会影响建筑物的安全使用。

请同学们根据自己的见闻说一说：

(1)各类建筑出现的变形状态有哪些？

(2)根据之前我们所学的知识谈一谈如何进行观测。

(3)如何分析观测的数据？如何解决变形问题？

岗位角色目标

直接角色：测量工程师、测量员。

间接角色：监理工程师、建造师、质量检查员、施工员等。

任务一　建筑物变形概述

建筑物的变形观测，目前在我国已受到高度重视。随着社会主义建设的蓬勃发展，各种大型建筑物，如水坝、高层建筑、大型桥梁、隧道及各种大型设备的出现，由变形所造成损失的也越来越多。这种变形总是由量变发展到质变，最后造成事故。及时地对建筑物进行变形观测，随时监视变形的发展变化，在未造成损失以前，及时采取补救措施，这就是变形观测的主要目的。它的另一个目的是检验设计的合理性，为提高设计质量提供科学的依据。

建筑物产生变形的原因很多，如地质条件、地震、荷载及外力作用的变化等是其主要原因。在建筑物的设计及施工中，都应全面地考虑这些因素。如果设计不合理，材料选择不当，施工方法不当或施工质量低劣，就会使变形超出允许值而造成损失。

根据变形的性质，变形可分为静态变形和动态变形两类。静态变形是时间的函数，观测结果只表现为某一期间内的变形；动态变形是指在外力作用下产生的变形，它是以外力为函数表示的，对于时间的变化，其观测结果表现为某一时刻的瞬时变形。

由于变形是随时间发展变化的，所以对静态变形要周期性地进行重复观测，以求取两相邻周期间的变化量；而对动态变形，则需用自动记录仪器记录其瞬时位置。

建筑物变形的表现形式，主要为水平位移、垂直位移和倾斜，有的建筑物也可能产生挠曲及扭转。当建筑物的整体性受到破坏时，则可产生裂缝。

所谓变形，是指相对于稳定点的空间位置的变化，所以在进行变形观测时，必须以稳定点为依据。这些稳定点称为基准点或控制点。因而，变形观测也要遵循“从控制到碎部”的原则。

根据观测结果，应对变形进行分析，得出变形的规律及大小，以判定建筑物是逐步趋于稳定，还是变形继续扩大。如果变形继续扩大且变形速率加快，则说明它有破坏的危险，应及时发出警报，以便采取措施。没有破坏，但变形超出允许值，则这会妨碍建筑物的正常使用。如果变形逐渐缩小，说明建筑物趋于稳定，达到一定程度即可终止观测。

任务二　建筑物变形观测

一、沉降观测

建筑物的沉降是指建筑物及其基础在垂直方向上的变形(也称为垂直位移)。沉降观测就是测定建筑物上所设观测点(沉降点)与基准点(水准点)之间随时间变化的高差变化量。沉降观测通常采用精密水准测量或液体静力水准测量的方法进行。

1. 水准点和沉降观测点的设置

作为建筑物沉降观测的水准点，一定要有足够的稳定性。同时，为了保证水准点高程的正确性和便于相互检核，水准点一般不得少于三个，并选择其中一个最稳定的点作为水准基点。水准点必须设置在受压、受震的范围以外，冰冻地区水准点应埋设在冻土深度线以下 0.5 m。水准点和观测点之间的距离应适中，相距太远会影响观测精度；相距太近又会影响水准点的稳定性，从而影响观测结果的可靠性。通常，水准点和观测点之间的距离以 60～100 m 为宜。

进行沉降观测的建筑物、构筑物上，应埋设沉降观测点。观测点的数量和位置，应能全面反映建筑物、构筑物的沉降情况。一般观测点是均匀设置的，但在荷载有变化的部位、平面形状改变处、沉降缝的两侧、具有代表性的支柱和基础上、地质条件改变处等，应加设足够的观测点。沉降观测点的埋设如图 7-1 所示。

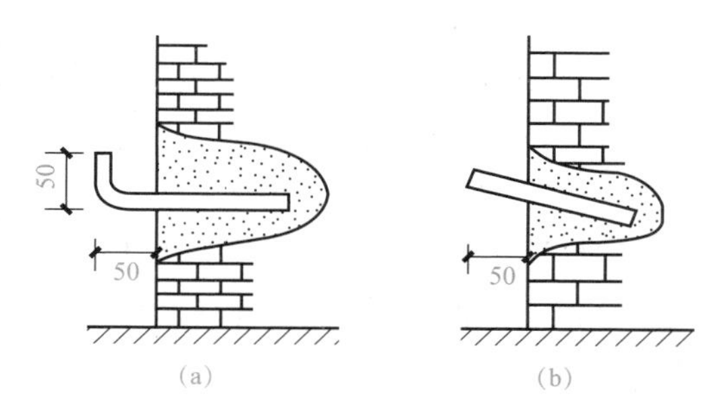

图 7-1　沉降观测点的埋设

(a)ϕ20 带助钢筋；(b)角钢

2. 沉降观测的一般规定

(1)观测周期。一般待观测点埋设稳固后，且在建(构)筑物主体开工前，即进行第一次观测。在建筑物主体施工过程中，一般为每盖 1～2 层观测一次；大楼封顶或竣工后，一般每月观测一次，如果沉降速度减缓，可改为 2～3 个月观测一次，直到沉降量 100 d 不超过 1 mm 时，观测才可停止。

(2)观测方法和仪器要求。对于多层建筑物的沉降观测，可采用 S3 水准仪用普通水准测量方法进行。对于高层建筑物的沉降观测，则应采用 S1 精密水准仪，用二等水准测量方法进行。为了保证水准测量的精度，观测时视线长度一般不得超过 50 m，前、后视距离要尽量相等。

(3)沉降观测的工作要求。沉降观测是一项较长期的连续观测工作，为了保证观测成果的正确性，应尽可能做到“三固定”：由固定的观测人员进行观测工作；使用固定的仪器；

按规定的日期、方法及既定的路线、测站进行观测。

3. 沉降观测的成果整理

每次观测结束后，应检查记录中的数据和计算是否准确，精度是否合格，然后把各次观测点的高程列入成果表中，并计算两次观测之间的沉降量和累计沉降量，同时还要注明观测日期和荷载情况。为了更清楚地表示沉降、荷重、时间三者的关系，还要画出各观测点的沉降、荷重、时间关系曲线图(图 7-2)。

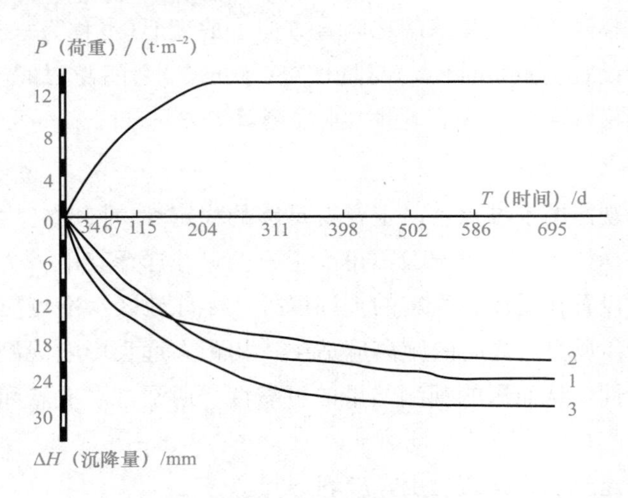

图 7-2 沉降曲线图

4. 沉降观测中常遇到的问题及其处理

(1)曲线在首次观测后即发生回升现象，在第二次观测时即发现曲线上升，至第三次观测时，曲线又逐渐下降。发生此种现象，一般都是由于首次观测成果存在较大误差。此时，应将第一次观测成果作废，而采用第二次观测成果作为首测成果。

(2)曲线在中间某点突然回升。发生此种现象的原因，多半是水准基点或沉降观测点被碰，如水准基点被压低或沉降观测点被撬高。此时，应仔细检查水准基点和沉降观测点的外形有无损伤。若众多沉降观测点出现此种现象，则水准基点被压低的可能性很大，此时可改用其他水准点作为水准基点来继续观测，并再埋设新水准点，以保证水准点个数不少于三个。若只有一个沉降观测点出现此种现象，则多半是该点被撬高。若观测点被撬后已活动，则需另行埋设新点。若点位尚牢固，则可继续使用，对于该点的沉降量计算，则应进行合理处理。

(3)曲线自某点起渐渐回升。此种现象一般是水准基点下沉所致。此时，应根据水准点之间的高差判断出最稳定的水准点，以此作为新水准基点，将原来下沉的水准基点废除。另外，埋在裙楼上的沉降观测点，由于受主楼的影响，有可能会出现属于正常的渐渐回升现象。

(4)曲线的波浪起伏现象。曲线在后期呈现微小的波浪起伏现象，这是测量误差所造成的。在前期，曲线的波浪起伏之所以不突出，是因为下沉量大于测量误差；但到后期，由于建筑物下沉极微或已接近稳定，在曲线上就出现测量误差比较突出的现象。此时，可将波浪曲线改为水平线，并适当地延长观测的间隔时间。

二、倾斜观测

用测量仪器来测定建筑物的基础和主体结构倾斜变化的工作，称为倾斜观测。

1. 一般建筑物主体的倾斜观测

建筑物主体的倾斜观测，应测定建筑物顶部观测点相对于底部观测点的偏移值，再根据建筑物的高度，计算建筑物主体的倾斜度，即

$$i=\Delta D/H$$

式中　i——建筑物主体的倾斜度；

　　ΔD——建筑物顶部观测点相对于底部观测点的偏移值(m)；

　　H——建筑物的高度(m)。

由此可知，倾斜观测主要是测定建筑物主体的偏移值 ΔD。偏移值 ΔD 的测定一般采用经纬仪投影法。具体观测方法如下：

(1)如图 7-3 所示，将经纬仪安置在固定测站上，该测站到建筑物的距离，为建筑物高度的 1.5 倍以上。瞄准建筑物 X 墙面上部的观测点 M，用盘左、盘右分中投点法，定出下部的观测点 N。用同样的方法，在与 X 墙面垂直的 Y 墙面上定出上观测点 P 和下观测点 Q。M、N 和 P、Q 即所设观测标志。

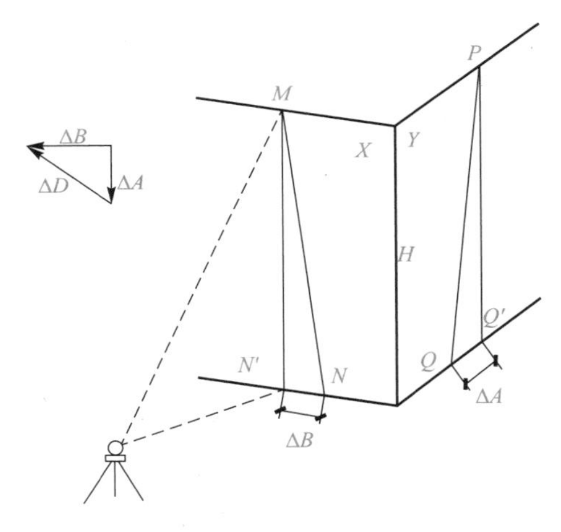

图 7-3　一般建筑物主体的倾斜观测

(2)相隔一段时间后，在原固定测站上，安置经纬仪，分别瞄准上观测点 M 和 P，用盘左、盘右分中投点法，得到 N' 和 Q'。如果，N 与 N'、Q 与 Q' 不重合，如图 7-3 所示，说明建筑物发生了倾斜。

(3)用尺子量出 X、Y 墙面上的偏移值 ΔA、ΔB，然后用矢量相加的方法，计算出该建筑物的总偏移值 ΔD。

根据总偏移值 ΔD 和建筑物的高度 H 即可计算出其倾斜度 i。

2. 圆形建筑物主体的倾斜观测

对圆形建筑物的倾斜观测，是在互相垂直的两个方向上，测定其顶部中心对底部中心的偏移值。具体观测方法如下：

(1)如图 7-4 所示，在烟囱底部横放一根标尺，在标尺中垂线方向上安置经纬仪，经纬

仪到烟囱的距离为烟囱高度的 1.5 倍。

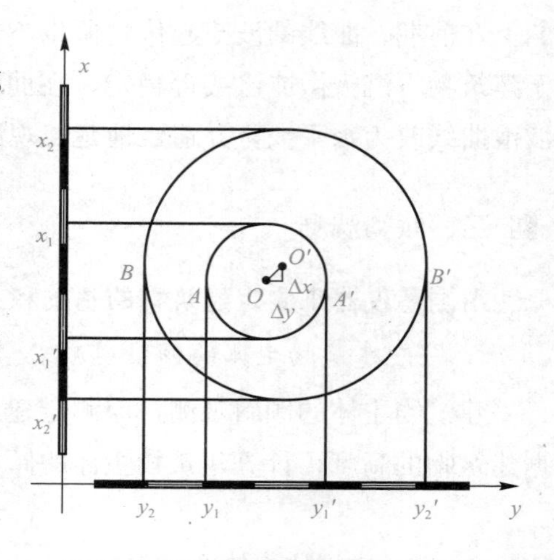

图 7-4 圆形建筑物主体的倾斜观测

(2)用望远镜将烟囱顶部边缘两点 A、A' 及底部边缘两点 B、B' 分别投到标尺上，得读数为 y_1、y_1' 及 y_2、y_2'，如图 7-4 所示。烟囱顶部中心 O 对底部中心 O' 在 y 方向上的偏移值 Δy 为

$$\Delta y=(y_1+y_1')/2-(y_2+y_2')/2$$

(3)用同样的方法，可测得在 x 方向上，顶部中心 O 的偏移值 Δx 为

$$\Delta x=(x_1+x_1')/2-(x_2+x_2')/2$$

(4)用矢量相加的方法，计算出顶部中心 O 对底部中心 O' 的总偏移值 ΔD。

根据总偏移值 ΔD 和圆形建筑物的高度 H 即可计算出其倾斜度 i。

另外，也可采用激光铅垂仪或悬吊垂球，直接测定建筑物的倾斜量。

3. 建筑物基础的倾斜观测

建筑物基础的倾斜观测一般采用精密水准测量的方法，定期测出基础两端点的沉降量差值 Δh，如图 7-5 所示，再根据两点间的距离 L，即可计算出基础的倾斜度：

$$i=\Delta h/L$$

对整体刚度较好的建筑物进行倾斜观测时，也可采用基础沉降量差值，推算主体偏移值。如图 7-6 所示，用精密水准测量方法测定建筑物基础两端点的沉降量差值 Δh，再根据建筑物的宽度 L 和高度 H，推算出该建筑物主体的偏移值 ΔD，即

$$\Delta D=(\Delta h/L)\cdot H$$

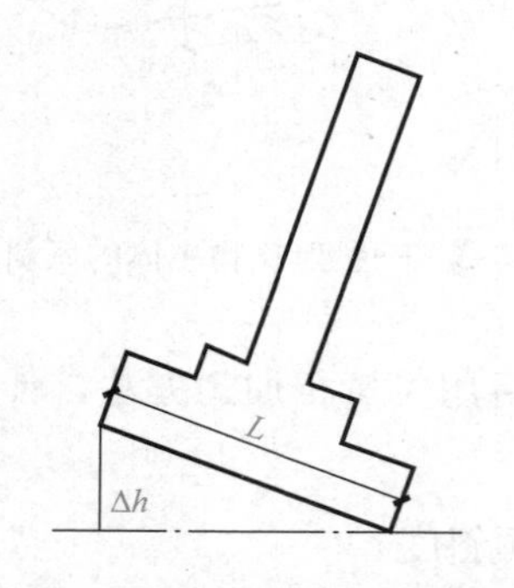

图 7-5 建筑物基础的倾斜观测

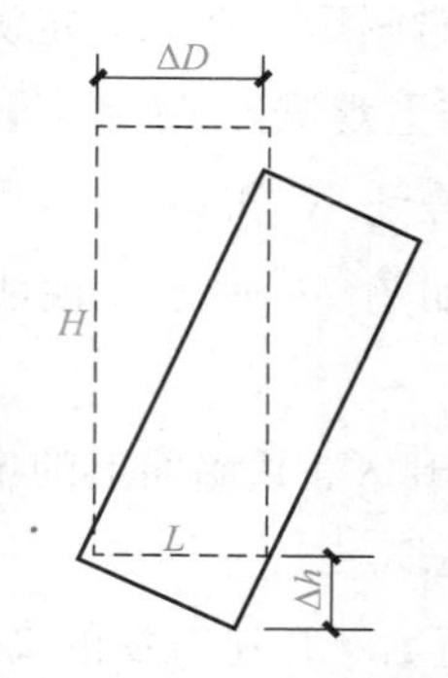

图 7-6 测定建筑物的偏移值

三、裂缝观测

当建筑物出现裂缝之后，应及时进行裂缝观测。常用的裂缝观测方法有以下两种。

1. 石膏板标志

将厚为 10 mm，宽为 50～80 mm 的石膏板(长度视裂缝大小而定)，固定在裂缝的两侧。当裂缝继续发展时，石膏板也随之开裂，从而观察裂缝继续发展的情况。

2. 白铁板标志

(1)如图 7-7 所示，用两块白铁板，一片为 150 mm×150 mm 的正方形，固定在裂缝的一侧，另一片为 50 mm×200 mm 的矩形，固定在裂缝的另一侧，使两块白铁板的边缘相互平行，并使其中的一部分重叠。

(2)在两块白铁板的表面涂上红色油漆。

(3)如果裂缝继续发展，两块白铁板将逐渐拉开，露出正方形上原被覆盖没有油漆的部分，其宽度即裂缝加大的宽度，可用尺子量出。

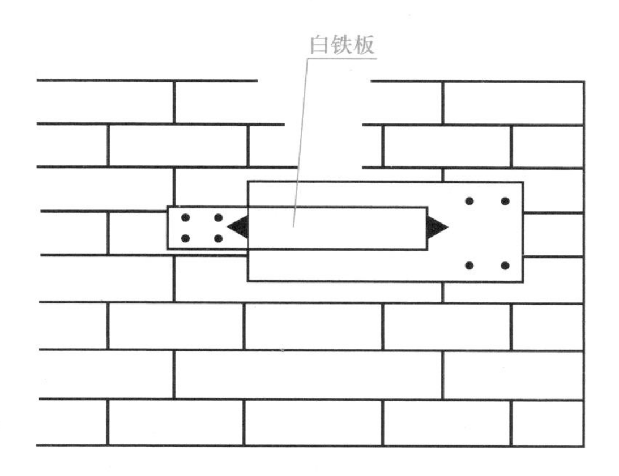

图 7-7　建筑物的裂缝观测

思考题与练习

1. 简述建筑物沉降观测的目的和方法。

2. 布设沉降观测点时应注意哪些问题？什么是沉降观测时的“三固定”？为什么在进行沉降观测时要做到“三固定”？

3. 如何进行建筑物的位移观测？

4. 建筑物水平位移的观测方法通常有哪些？

参考文献

[1] 杨晓平，王云江．建筑工程测量[M]．武汉：华中科技大学出版社，2006.
[2] 徐广翔．建筑工程测量[M]．上海：上海交通大学出版社，2005.
[3] 张正禄，等．工程测量学[M]．武汉：武汉大学出版社，2005.
[4] 朱建军，贺跃光，曾卓乔，等．变形测量的理论与方法[M]．长沙：中南大学出版社，2004.
[5] 覃辉，叶海青．土木工程测量[M]．上海：同济大学出版社，2006.
[6] 李生平．建筑工程测量[M]．北京：高等教育出版社，2002.
[7] 魏静，李明庚．建筑工程测量[M]．北京：高等教育出版社，2002.
[8] 胡伍生，潘庆林．土木工程测量[M]．4版．南京：东南大学出版社，2012.
[9] 苗景荣．建筑工程测量[M]．2版．北京：中国建筑工业出版社，2009.
[10] 卢满堂，甄红锋．建筑工程测量[M]．北京：中国水利水电出版社，2007.
[11] 李明庚．建筑工程测量[M]．北京：机械工业出版社，2012.
[12] 张敬伟．建筑工程测量[M]．2版．北京：北京大学出版社，2013.
[13] 中华人民共和国国家标准．GB 50026—2007 工程测量规范[S]．北京：中国计划出版社，2008.
[14] 中华人民共和国行业标准．JGJ 8—2016 建筑变形测量规范[S]．北京：中国建筑工业出版社，2016.
[15] 建设部人事教育司．测量放线工[M]．北京：中国建筑工业出版社，2005.
[16] 刘玉珠．土木工程测量[M]．2版．广州：华南理工大学出版社，2007.
[17] 顾孝烈，鲍峰，程效军，等．测量学[M]．4版．上海：同济大学出版社，2011.
[18] 郝亚东．建筑工程测量[M]．北京：北京邮电大学出版社，2012.